全国注册安全工程师继续教育培训教材
——煤矿类

《全国注册安全工程师继续教育培训教材》编委会

本册主编　熊远喜

内 容 简 介

本书以国家安全生产监督管理总局颁布的《注册安全工程师继续教育大纲(试行)》为指导，介绍了最新的煤矿安全生产相关法律、法规、标准和规范，介绍了煤矿井巷施工、开采、通风、灾害防治等方面的安全生产技术新知识，介绍了煤矿事故应急救援预案和现场处置方案的制定与演练等管理知识，并对各类煤矿灾害事故案例进行了针对性的分析。

本书既可单独使用，也可与《全国注册安全工程师继续教育培训教材——通用部分》配套使用，适宜作为全国煤矿类注册安全工程师进行继续教育的培训教材。

图书在版编目(CIP)数据

全国注册安全工程师继续教育培训教材. 煤矿类 / 熊远喜主编. — 北京：气象出版社，2014.11

ISBN 978-7-5029-6040-7

Ⅰ. ①全… Ⅱ. ①熊… Ⅲ. ①煤矿—矿山安全—安全工程师—继续教育—教材 Ⅳ. ①X93②TD7

中国版本图书馆 CIP 数据核字(2014)第 247804 号

全国注册安全工程师继续教育培训教材——煤矿类

熊远喜 主编

出版发行：气象出版社

地　　址：北京市海淀区中关村南大街 46 号　　**邮政编码**：100081

总 编 室：010-68407112　　**发 行 部**：010-68409198，68406961

网　　址：http：// www. cmp. cma. gov. cn　　**E-mail**：qxcbs@cma. gov. cn

策　　划：彭淑凡

责任编辑：郭健华　　**终　　审**：章澄昌

封面设计：易普锐创意　　**责任技编**：吴庭芳

印　　刷：北京奥鑫印刷厂

开　　本：787 mm×1092 mm　1/16　　**印　　张**：6. 75

字　　数：175 千字

版　　次：2014 年 11 月第 1 版　　**印　　次**：2014 年 11 月第 1 次印刷

定　　价：20. 00 元

《全国注册安全工程师继续教育培训教材》

编审委员会

顾　　问	丁　斌 徐　进 金　宁
本册主编	熊远喜
编　　委	孟庆贵 熊　勇 张俊丽 熊　利 丰爱枝

前言

近年来，在党中央、国务院的正确领导下，各地、各部门、各单位严格落实安全生产责任制，大力开展安全生产专项整治，深入开展事故隐患排查整改，事故起数和死亡人数持续下降，安全生产呈现出显著好转的可喜态势。在党的十八大和十八届三中全会上，习近平总书记强调要站在全面深化改革、改善民生、加强社会建设的高度，坚持安全发展、科学发展的理念，有效遏制重特大安全事故，保障人民群众生命财产安全，维护改革开放的大局。

实行注册安全工程师执业资格制度，建设一支高素质、专业化的安全生产人才队伍，为全社会安全生产提供智力支持和人才保障，正是坚持安全发展、科学发展，贯彻落实“人才兴安”战略的具体体现，对于预防事故、减少职业危害更是具有举足轻重的作用。自2002年国家实施注册安全工程师执业资格制度以来，全社会积极响应，越来越多的有识之士积极报考。到2012年底，已有近20万人通过考试取得了注册安全工程师执业资格，且大部分相关人员工作在生产经营一线和技术服务机构，为实现全国安全生产的明显好转发挥了不可替代的作用。

为了进一步规范注册安全工程师的执业管理，不断提升注册安全工程师的执业素质和业务能力，国家安全生产监督管理总局于2007年颁布了《注册安全工程师管理规定》(国家安全生产监督管理总局令第11号)，明确提出了对注册安全工程师开展继续教育的相关规定。这既是组织实施继续教育工作的法律依据，又是注册安全工程师们更新理念、学习新知识、增长才干的客观需要。为了方便广大注册安全工程师开展新法律、新标准、新技术的自学和培训机构组织继续教育工作，依据国家安全生产监督管理总局《注册安全工程师继续教育大纲(试行)》，在综合考虑了广大注册安全工程师及部分专家意见的基础上，我们组织相关专业技术人员编写了这套《全国注册安全工程师继续教育培训教材》。本套教材包括了通用知识和专业知识两大部分：通用知识部分汇编为一册《通用部分》，全面介绍了安全工程师职业道德规范，安全生产法律法规基本知识和修订信息，管理、监察、评价、应急、事故调查、统计分析等方面基础知识，适用于所有类别注册安全工程师使用；专业知识部分按注册登记类别标准分别编为《煤矿类》、《非煤矿山类》、《危险物品类》、《建筑施工类》和《其他类》五册教材，收录了该类别涵盖的行业、领域最新的法律法规、安全生产技术和管理的新理念、新思路、新方法、新知识，有很强的专业针对性。

本套教材在编写过程中，听取了不少专业机构和专业人员的宝贵意见和建议，尤其得到安徽省安全生产宣传教育中心的指导和支持，在此表示衷心感谢！由于编者水平所限，教材难免有疏漏之处，敬请批评指正。

编委会

2014年3月

目　录

第一章

煤矿安全生产法律法规

安全生产法律法规的主要作用：保护劳动者的安全健康提供法律保障，加强安全生产责任的法制化管理，指导和推动安全生产工作的发展、促进企业安全生产，推动生产力的发展。

一、《中华人民共和国煤炭法》

(一)颁布与修订

《中华人民共和国煤炭法》(以下简称《煤炭法》)由第八届全国人民代表大会常务委员会第二十一次会议于1996年8月29日通过，自1996年12月1日起施行。

2011年4月22日第十一届全国人民代表大会常务委员会第二十次会议决定对《煤炭法》作出修改，将第四十四条修改为："煤矿企业应当依法为职工参加工伤保险缴纳工伤保险费。鼓励企业为井下作业职工办理意外伤害保险，支付保险费。"

2013年6月29日第十二届全国人民代表大会常务委员会第三次会议决定对《煤炭法》作出如下修改：

(1)将第二十二条修改为："煤矿投入生产前，煤矿企业应当依照有关安全生产的法律、行政法规的规定取得安全生产许可证。未取得安全生产许可证的，不得从事煤炭生产。"

(2)删去第二十三条、第二十四条、第二十五条、第二十六条、第二十七条、第四十六条、第四十七条、第四十八条、第六十七条、第六十八条。

(3)将第六十九条改为第五十九条，并将"吊销其煤炭生产许可证"修改为"责令停止生产"。

(4)将第七十条改为第六十条，并删去"吊销其煤炭生产许可证"。

(5)删去第七十一条。

(6)将第七十二条改为第六十一条，并删去"可以依法吊销煤炭生产许可证或者取消煤炭经营资格"。

(7)删去第七十七条。

(二)最新修订内容的意义

2013年对《煤炭法》的修订主要是取消了煤炭生产许可证和煤炭经营许可证，给企业松绑，标志着煤炭生产和交易的市场化程度进一步提高。

取消煤炭生产许可和煤炭经营许可制度，国家煤炭主管部门对于煤炭生产企业和煤炭经营企业的生产经营干预继续减少，企业只要取得安全生产许可证，就可以从事煤炭生产经营。这无疑给煤炭生产企业松了绑，有利于煤炭生产经营企业，轻装上阵，平等地参与煤炭生产和煤炭经营，平等地参与煤炭市场竞争。煤炭生产、交易的市场化程度进一步提高。

(三)煤矿生产与管理的安全要求

1. 煤矿开采安全要求

(1)煤矿企业应当加强煤炭产品质量的监督检查和管理。煤炭产品质量应当按照国家标准或者行业标准分等论级。

(2)煤炭生产应当依法在批准的开采范围内进行，不得超越批准的开采范围越界、越层开采。

采矿作业不得擅自开采保安煤柱，不得采用可能危及相邻煤矿生产安全的决水、爆破、贯通巷道等危险方法。

(3)因开采煤炭压占土地或者造成地表土地塌陷、挖损，由采矿者负责进行复垦，恢复到可供利用的状态；造成他人损失的，应当依法给予补偿。

(4)关闭煤矿和报废矿井，应当依照有关法律、法规和国务院煤炭管理部门的规定办理。

(5)国家建立煤矿企业积累煤矿衰老期转产资金的制度。

国家鼓励和扶持煤矿企业发展多种经营。

2. 煤矿安全管理

(1)煤矿企业的安全生产管理，实行矿务局长、矿长负责制。

(2)矿务局长、矿长及煤矿企业的其他主要负责人必须遵守有关矿山安全的法律、法规和煤炭行业安全规章、规程，加强对煤矿安全生产工作的管理，执行安全生产责任制度，采取有效措施，防止伤亡和其他安全生产事故的发生。

(3)煤矿企业应当对职工进行安全生产教育、培训；未经安全生产教育、培训的，不得上岗作业。

煤矿企业职工必须遵守有关安全生产的法律、法规，煤炭行业规章、规程和企业规章制度。

(4)在煤矿井下作业中，出现危及职工生命安全并无法排除的紧急情况时，作业现场负责人或者安全管理人员应当立即组织职工撤离危险现场，并及时报告有关方面负责人。

(5)煤矿企业工会发现企业行政方面违章指挥、强令职工冒险作业或者生产过程中发现明显重大事故隐患，可能危及职工生命安全的情况，有权提出解决问题的建议，煤矿企业行政方面必须及时作出处理决定。企业行政方面拒不处理的，工会有权提出批评、检举和控告。

(6)煤矿企业必须为职工提供保障安全生产所需的劳动保护用品。

(7)煤矿企业应当依法为职工参加工伤保险缴纳工伤保险费。鼓励企业为井下作业职工办理意外伤害保险，支付保险费。

(8)煤矿企业使用的设备、器材、火工产品和安全仪器，必须符合国家标准或者行业标准。

二、《煤矿安全培训规定》

《煤矿安全培训规定》于2012年5月3日由国家安全生产监督管理总局颁布，2013年8月29日发布修订版。

(一)最新修订内容

(1)第九条修改为："负责煤矿安全培训的机构(以下简称安全培训机构)应当建立健全安全培训工作制度和培训档案，落实安全培训计划，依照国家统一的煤矿安全培训大纲进行培训。"

(2)第十五条修改为："对从业人员的安全技术培训，具备安全培训条件的生产经营单位应当以自主培训为主，也可以委托具备安全培训条件的机构进行培训。""不具备安全培训条件的生产经营单位，应当委托具备安全培训条件的机构进行培训。"

(3)第三十二条第一项修改为"具备从事安全培训工作所需要的条件的情况"，第三项修改为"教师的配备情况"。

(4)第三十九条第一项修改为"不具备安全培训条件的"，删去第四项。

(二)主要内容

(1)安全培训的目的是加强和规范煤矿安全培训工作，提高从业人员安全素质，防止和减少伤亡事故。

(2)煤矿特种作业人员的安全培训、考核、发证、复审及监督管理工作，适用《特种作业人员安全技术培训考核管理规定》。

(3)煤矿企业主要负责人是指煤矿股份有限公司、有限责任公司及所属子公司、分公司的董事长、总经理，矿务局局长，煤矿矿长等人员。

(4)煤矿企业安全生产管理人员是指煤矿企业分管安全生产工作的副董事长、副总经理、副局长、副矿长、总工程师、副总工程师或者技术负责人，安全生产管理机构负责人及管理人员，生产、技术、通风、机电、运输、地测、调度等职能部门(含煤矿井、区、科、队)的负责人。

(5)煤矿安全培训工作实行"归口管理、分级实施、统一标准、教考分离"的原则。

(6)从业人员应具备条件：

①身体健康，无职业禁忌症；

②年满18周岁且不超过国家法定退休年龄；

③具有初中及以上文化程度；

④法律、行政法规规定的其他条件。

(7)煤矿矿长、副矿长、总工程师、副总工程师和技术负责人任职基本条件：以上人除必须取得安全资格证书外，还应当具备煤矿相关专业大专及以上学历，具有煤矿相关工作3年及以上经历。生产能力或者核定能力每年30万t以下煤矿的矿长、副矿长、总工程师、副总工程师或者技术负责人除符合本规定第十条的规定外，还应当具备煤矿相关专业中专及以上学历，具有煤矿相关工作3年及以上经历。

(8)煤矿企业不得安排未经安全培训合格的人员从事生产作业活动。

(9)煤矿企业从业人员的安全培训时间应当符合下列规定：

①主要负责人、安全生产管理人员安全资格初次培训时间不得少于48学时，每年复训时间不得少于16学时。

②煤矿矿长资格和主要负责人安全资格合并培训的，初次培训时间不得少于64学时，

每年复训时间不得少于24学时。

③从事采煤、掘进、机电、运输、通风、地测等工作的班组长，以及新招入矿的其他从业人员初次安全培训时间不得少于72学时，每年接受再培训的时间不得少于20学时。

④煤矿从业人员调整工作岗位或者离开本岗位1年以上(含1年)重新上岗前，应当重新接受安全培训；经培训合格后，方可上岗作业。

⑤煤矿首次采用新工艺、新技术、新材料或者使用新设备的，应当对相关岗位从业人员进行专门的安全培训；经培训合格后，方可上岗作业。

⑥取得注册安全工程师执业资格证的煤矿企业主要负责人、安全生产管理人员，免予安全资格初次培训；按规定参加煤矿安全类注册安全工程师经继续教育并延续注册、重新注册的，免予复训。

(10)煤矿应当建立井下作业人员实习制度，制定新招入矿的井下作业人员实习大纲和计划，安排有经验的职工带领新招入矿的井下作业人员进行实习。新招入矿的井下作业人员实习满4个月后，方可独立上岗作。

三、《煤矿矿长保护矿工生命安全七条规定》

2013年1月24日国家安全生产监督管理总局公布并施行《煤矿矿长保护矿工生命安全七条规定》。

《煤矿矿长保护矿工生命安全七条规定》内容为：

(1)必须证照齐全，严禁无证照或者证照失效非法生产。

(2)必须在批准区域正规开采，严禁超层越界或者巷道式采煤、空顶作业。

(3)必须确保通风系统可靠，严禁无风、微风、循环风冒险作业。

(4)必须做到瓦斯抽采达标，防突措施到位，监控系统有效，瓦斯超限立即撤人，严禁违规作业。

(5)必须落实井下探放水规定，严禁开采防隔水煤柱。

(6)必须保证井下机电和所有提升设备完好，严禁非阻燃、非防爆设备违规入井。

(7)必须坚持矿领导下井带班，确保员工培训合格、持证上岗，严禁违章指挥。

四、《国务院关于预防煤矿生产安全事故的特别规定》

《国务院关于预防煤矿生产安全事故的特别规定》于2005年8月31日经国务院第104次常务会议通过，2005年9月3日公布施行，其主要内容如下：

(1)煤矿企业是预防煤矿生产安全事故的责任主体。煤矿企业负责人(包括一些煤矿企业的实际控制人，下同)对预防煤矿生产安全事故负主要责任。

(2)县级以上地方人民政府负责煤矿安全生产监督管理的部门、煤矿安全监察机构不依法履行职责，不及时查处所辖区域的煤矿重大安全生产隐患和违法行为的，对直接责任人和主要负责人，根据情节轻重，给予记过、记大过、降级、撤职或者开除的行政处分；构成犯罪的，依法追究刑事责任。

(3)煤矿未依法取得采矿许可证、安全生产许可证、营业执照和矿长未依法取得矿长安全资格证的，煤矿不得从事生产。擅自从事生产的，属非法煤矿。负责颁发前款规定证照的部门，一经发现煤矿无证照或者证照不全从事生产的，应当责令该煤矿立即停止生产，没收违法所得和开采出的煤炭以及采掘设备，并处违法所得 1 倍以上 5 倍以下的罚款；构成犯罪的，依法追究刑事责任。

(4)负责颁发采矿许可证、安全生产许可证、营业执照和矿长安全资格证的部门，向不符合法定条件的煤矿或者矿长颁发有关证照的，对直接责任人，根据情节轻重，给予降级、撤职或者开除的行政处分；对主要负责人，根据情节轻重，给予记大过、降级、撤职或者开除的行政处分；构成犯罪的，依法追究刑事责任。

(5)煤矿的通风、防瓦斯、防水、防火、防煤尘、防冒顶等安全设备、设施和条件应当符合国家标准、行业标准，并有防范生产安全事故发生的措施和完善的应急处理预案。

煤矿有下列重大安全生产隐患和行为的，应当立即停止生产，排除隐患：

①超能力、超强度或者超定员组织生产的；

②瓦斯超限作业的；

③煤与瓦斯突出矿井，未依照规定实施防突出措施的；

④高瓦斯矿井未建立瓦斯抽放系统和监控系统，或者瓦斯监控系统不能正常运行的；

⑤通风系统不完善、不可靠的；

⑥有严重水患，未采取有效措施的；

⑦超层越界开采的；

⑧有冲击地压危险，未采取有效措施的；

⑨自然发火严重，未采取有效措施的；

⑩使用明令禁止使用或者淘汰的设备、工艺的；

⑪年产 6 万 t 以上的煤矿没有双回路供电系统的；

⑫新建煤矿边建设边生产，煤矿改扩建期间，在改扩建的区域生产，或者在其他区域的生产超出安全设计规定的范围和规模的；

⑬煤矿实行整体承包生产经营后，未重新取得安全生产许可证和煤炭生产许可证，从事生产的，或者承包方再次转包的，以及煤矿将井下采掘工作面和井巷维修作业进行劳务承包的；

⑭煤矿改制期间，未明确安全生产责任人和安全管理机构的，或者在完成改制后，未重新取得或者变更采矿许可证、安全生产许可证和营业执照的；

⑮有其他重大安全生产隐患的。

(6)煤矿企业应当建立健全安全生产隐患排查、治理和报告制度。

(7)对被责令停产整顿的煤矿，颁发证照的部门应当暂扣采矿许可证、安全生产许可证、营业执照和矿长安全资格证。

(8)被责令停产整顿的煤矿应当制定整改方案，落实整改措施和安全技术规定；整改结束后要求恢复生产的，应当由县级以上地方人民政府负责煤矿安全生产监督管理的部门自收到恢复生产申请之日起 60 日内组织验收完毕；验收合格的，经组织验收的地方人民政府负责煤矿安全生产监督管理的部门的主要负责人签字，并经有关煤矿安全监察机构审核同意，报请有关地方人民政府主要负责人签字批准，颁发证照的部门发还证照，煤矿方可恢复生产；验收不合格的，由有关地方人民政府予以关闭。

(9)被责令停产整顿的煤矿擅自从事生产的，县级以上地方人民政府负责煤矿安全生产监督管理的部门、煤矿安全监察机构应当提请有关地方人民政府予以关闭，没收违法所得，并处违法所得1倍以上5倍以下的罚款；构成犯罪的，依法追究刑事责任。

(10)对被责令停产整顿的煤矿，在停产整顿期间，由有关地方人民政府采取有效措施进行监督检查。因监督检查不力，煤矿在停产整顿期间继续生产的，对直接责任人，根据情节轻重，给予降级、撤职或者开除的行政处分；对有关负责人，根据情节轻重，给予记大过、降级、撤职或者开除的行政处分；构成犯罪的，依法追究刑事责

(11)煤矿存在瓦斯突出、自然发火、冲击地压、水害威胁等重大安全生产隐患，该煤矿在现有技术条件下难以有效防治的，县级以上地方人民政府负责煤矿安全生产监督管理的部门、煤矿安全监察机构应当责令其立即停止生产，并提请有关地方人民政府组织专家进行论证。专家论证应当客观、公正、科学。有关地方人民政府应当根据论证结论，作出是否关闭煤矿的决定，并组织实施。

(12)煤矿企业应当依照国家有关规定对井下作业人员进行安全生产教育和培训，保证井下作业人员具有必要的安全生产知识，熟悉有关安全生产规章制度和安全操作规程，掌握本岗位的安全操作技能，并建立培训档案。未进行安全生产教育和培训或者经教育和培训不合格的人员不得下井作业。

(13)县级以上地方人民政府负责煤矿安全生产监督管理的部门应当对煤矿井下作业人员的安全生产教育和培训情况进行监督检查；煤矿安全监察机构应当对煤矿特种作业人员持证上岗情况进行监督检查。发现煤矿企业未依照国家有关规定对井下作业人员进行安全生产教育和培训或者特种作业人员无证上岗的，应当责令限期改正，处10万元以上50万元以下的罚款；逾期未改正的，责令停产整顿。

(14)煤矿拒不执行县级以上地方人民政府负责煤矿安全生产监督管理的部门或者煤矿安全监察机构依法下达的执法指令的，由颁发证照的部门吊销矿长安全资格证；构成违反治安管理行为的，由公安机关依照治安管理的法律、行政法规的规定处罚；构成犯罪的，依法追究刑事责任。

五、《防治煤与瓦斯突出规定》

《防治煤与瓦斯突出规定》由国家安全生产监督管理总局于2009年4月3日颁布，2013年8月29日发布修订版。

修订的内容：删去《防治煤与瓦斯突出规定》第三十二条第二款第三项中的“煤矿三级及以上安全培训机构组织的”，删去第四项中的“煤矿二级以上安全培训机构组织的”。

《防治煤与瓦斯突出规定》主要内容如下。

1. 防突责任人

有突出矿井的煤矿企业主要负责人及突出矿井的矿长是本单位防突工作的第一责任人。

2. 防突制度

有突出矿井的煤矿企业、突出矿井应当设置防突机构，建立健全防突管理制度和各级岗位责任制。

3. 区域综合防突措施

(1)区域突出危险性预测；

(2)区域防突措施；

(3)区域措施效果检验；

(4)区域验证。

4. 局部综合防突措施

(1)工作面突出危险性预测；

(2)工作面防突措施；

(3)工作面措施效果检验。

5. 安全防护措施

(1)防突工作坚持区域防突措施先行、局部防突措施补充的原则。突出矿井采掘工作做到不掘突出头、不采突出面。未按要求采取区域综合防突措施的，严禁进行采掘活动。

(2)区域防突工作应当做到多措并举、可保必保、应抽尽抽、效果达标。

(3)突出矿井发生突出的必须立即停产，并立即分析、查找突出原因。在强化实施综合防突措施消除突出隐患后，方可恢复生产。

(4)非突出矿井首次发生突出的必须立即停产，按本规定的要求建立防突机构和管理制度，编制矿井防突设计，配备安全装备，完善安全设施和安全生产系统，补充实施区域防突措施，达到本规定要求后，方可恢复生产。

6. 突出煤层和突出矿井鉴定

(1)地质勘探单位应当查明矿床瓦斯地质情况。井田地质报告应当提供煤层突出危险性的基础资料。基础资料应当包括下列内容：

①煤层赋存条件及其稳定性；

②煤的结构类型及工业分析；

③煤的坚固性系数、煤层围岩性质及厚度；

④煤层瓦斯含量、瓦斯成分和煤的瓦斯放散初速度等指标；

⑤标有瓦斯含量等值线的瓦斯地质图；

⑥地质构造类型及其特征、火成岩侵入形态及其分布、水文地质情况；

⑦勘探过程中钻孔穿过煤层时的瓦斯涌出动力现象；

⑧邻近煤矿的瓦斯情况。

(2)矿井有下列情况之一的，应当立即进行突出煤层鉴定；鉴定未完成前，应当按照突出煤层管理：

①煤层有瓦斯动力现象的；

②相邻矿井开采的同一煤层发生突出的；

③煤层瓦斯压强达到或者超过0.74 MPa的。

(3)突出煤层和突出矿井的鉴定由煤矿企业委托具有突出危险性鉴定资质的单位进行。鉴定单位应当在接受委托之日起120天内完成鉴定工作。鉴定单位对鉴定结果负责。

(4)煤矿企业应当将鉴定结果报省级煤炭行业管理部门、煤矿安全监管部门、煤矿安全监察机构备案。

(5)煤矿发生瓦斯动力现象造成生产安全事故，经事故调查认定为突出事故的，该煤层即为突出煤层，该矿井即为突出矿井。

(6)突出煤层鉴定应当首先根据实际发生的瓦斯动力现象进行。

7. 建设和开采基本要求

(1)有突出危险的新建矿井及突出矿井的新水平、新采区，必须编制防突专项设计。设计应当包括开拓方式、煤层开采顺序、采区巷道布置、采煤方法、通风系统、防突设施(设备)、区域综合防突措施和局部综合防突措施等。突出矿井新水平、新采区移交生产前，必须经当地人民政府煤矿安全监管部门按管理权限组织防突专项验收；未通过验收的不得移交生产。

突出矿井必须建立满足防突工作要求的地面永久瓦斯抽采系统。

(2)突出煤层的采掘作业应当符合以下规定：

①严禁采用水力采煤法、倒台阶采煤法及其他非正规采煤法。

②急倾斜煤层适合采用伪倾斜正台阶、掩护支架采煤法。

③急倾斜煤层掘进上山时，采用双上山或伪倾斜上山等掘进方式，并加强支护。

④掘进工作面与煤层巷道交叉贯通前，被贯通的煤层巷道必须超过贯通位置，其超前距不得小于5 m，并且贯通点周围10 m内的巷道应加强支护。在掘进工作面与被贯通巷道距离小于60 m的作业期间，被贯通巷道内不得安排作业，并保持正常通风，且在放炮时不得有人。

⑤采煤工作面尽可能采用刨煤机或浅截深采煤机采煤。

⑥煤、半煤岩炮掘和炮采工作面，使用安全等级不低于三级的煤矿许用含水炸药(二氧化碳突出煤层除外)。

⑦突出煤层的任何区域的任何工作面进行揭煤和采掘作业前，必须采取安全防护措施。

突出矿井的入井人员必须随身携带隔离式自救器。

⑧所有突出煤层外的掘进巷道(包括钻场等)距离突出煤层的最小法向距离小于 10 m 时(在地质构造破坏带小于 20 m 时)，必须边探边掘，确保最小法向距离不小于 5 m。

⑨在同一突出煤层正在采掘的工作面应力集中范围内，不得安排其他工作面进行回采或者掘进。具体范围由矿技术负责人确定，但不得小于 30 m。

⑩突出煤层的掘进工作面应当避开邻近煤层采煤工作面的应力集中范围。

在突出煤层的煤巷中安装、更换、维修或回收支架时，必须采取预防煤体垮落而引起突出的措施。

(3)突出矿井的通风系统应当符合下列要求：

①井巷揭穿突出煤层前，具有独立的、可靠的通风系统。

②突出矿井、有突出煤层的采区、突出煤层工作面都有独立的回风系统。采区回风巷是专用回风巷。

③在突出煤层中，严禁任何两个采掘工作面之间串联通风。

④煤(岩)与瓦斯突出煤层采区回风巷及总回风巷安设高低浓度甲烷传感器。

⑤突出煤层采掘工作面回风侧不得设置调节风量的设施。易自燃煤层的回采工作面确需设置调节设施的，须经煤矿企业技术负责人批准。

⑥严禁在井下安设辅助通风机。

⑦突出煤层掘进工作面的通风方式采用压入式。

(4)煤(岩)与瓦斯突出矿井严禁使用架线式电机车。煤(岩)与瓦斯突出矿井井下进行电焊、气焊和喷灯焊接时，必须停止突出煤层的掘进、回采、钻孔、支护以及其他所有扰动突出煤层的作业。

(5)清理突出的煤炭时，应当制定防煤尘、防片帮、防冒顶、防瓦斯超限、防火源的安全技术措施。突出孔洞应当及时充填、封闭严实或者进行支护；当恢复采掘作业时，应当在其附近 30 m 范围内加强支护。

8. 防突管理

(1)有突出矿井的煤矿企业主要负责人、突出矿井矿长应当分别每季度、每月进行防突专题研究，检查、部署防突工作；保证防突科研工作的投入，解决防突所需的人力、财力、物力；确保抽、掘、采平衡；确保防突工作和措施的落实。

(2)煤矿企业、矿井的技术负责人对防突工作负技术责任，组织编制、审批、检查防突工作规划、计划和措施；煤矿企业、矿井的分管负责人负责落实所分管的防突工作。

(3)煤矿企业、矿井的各职能部门负责人对本职范围内的防突工作负责；区(队)、班组长对管辖范围内防突工作负直接责任；防突人员对所在岗位的防突工作负责。煤矿企业、矿井的安全监察部门负责对防突工作的监督检查。

(4)有突出矿井的煤矿企业，突出矿井应当设置满足防突工作需要的专业防突队伍。突出矿井应当编制突出事故应急预案。

(5)有突出矿井的煤矿企业，突出矿井在编制年度、季度、月度生产建设计划时，必须一同编制年度、季度、月度防突措施计划，保证抽、掘、采平衡。防突措施计划及人力、物力、财力保障安排由技术负责人组织编制，煤矿企业主要负责人、突出矿井矿长审批，分管负责人、分管副矿长组织实施。

第二章

煤矿安全生产技术新知识

第一节 煤矿井巷施工安全技术

一、煤矿井巷施工安全技术措施

1. 建立健全各项安全管理制度

认真编制和贯彻安全操作规程，并严格执行之。把安全责任落实到班组，落实到个人。认真实行安全生产班前会制度，在布置安全生产任务的同时布置安全工作。布置安全工作要有内容、有针对性、有措施、有人负责、事后有检查。

2. 严格执行《煤矿安全规程》

项目部配备专职安全检查员，各掘进班配备瓦检员，负责检测工作面的CH_4、CO、CO_2、H_2S、SO_2的浓度，坚持“不安全、不生产；不安全、就停产；安全了、再生产”的原则。

3. 组织安全培训

组织职工进行安全学习和岗位培训，经考试不合格者不得上岗。坚决杜绝“三违”现象的发生。教育员工时刻注意“不伤害自己、不伤害别人、不被别人伤害”。

4. 严格执行“敲帮问顶”和“一炮三检”的制度

完善顶板管理、瓦斯管理、放炮管理各项措施。

5. 加强劳动保护

配备必要的劳保用品和安全防护用品。

6. 坚持文明施工

操作前先清除妨碍操作的障碍物，为劳动作业创造良好的环境。

7. 坚持把好操作质量关

以合格的工作质量促进安全生产。

8. 入井作业人员安全管理

(1)严禁携带烟草及一切发火物品下井，严禁在井下吸烟及引发明火。

(2)入井人员佩戴安全帽，携带矿灯及自救器。

(3)严禁在井下扒乘各种车辆。

(4)井下严禁打闹和睡觉，饮酒后不得下井。

(5)每项工程开工前都必须编制安全操作规程及安全技术组织措施，并认真地向全体施工人员贯彻，操作者必须认真学习并严格执行；否则不可开工。

(6)巷道交叉口必须设有路标，写明所在位置、名称，并指明通往地点的安全出口方向。

(7)电机车司机、绞车司机必须经依法培训考核合格后持证上岗，无证不得上岗。司机必须经常检修自己的机车，发现隐患及时修理。

(8)机车运行时，不准上下车、搬道岔 摘挂钩，机车必须前有照明，后有红灯；挂好矿车后必须用插销插好、插紧。

(9)井上下推车时，必须注意前方，接近巷道口、道岔、弯道、来往人多等处，必须减速．发出警告。

(10)放炮人员必须进行培训并持证上岗，严禁非放炮人员从事放炮工作，在顺直巷道中躲炮距离，距放炮工作面不小于100 m，转弯巷道不小于75 m。

(11)装药前、放炮前，必须检测瓦斯，如果瓦斯气体含量超过1%时，严禁放炮，无封泥眼严禁起爆，炮泥长度不得少于炮眼的一半。

(12)瞎炮要当班处理，当班处理不完的，要向下班交待清楚。

(13)对冒顶高处、报废巷道和易聚瓦斯地点，均应设置瓦斯检查记录牌。

(14)瓦斯检查人员必须经过培训持证上岗，瓦斯检查员要按作业区配齐，检查员在自己负责的区域内不得漏检，不得空班；并要认真填写瓦斯检查报告，当发现异常情况及瓦斯超标时，应立即向工地负责人报告和通知当班工作面人员立即停止作业撤出工作面，通知风机司机加强通风。

(15)工作面的风流必须畅通、新鲜，掘进工作面不准停风；当停电或停风时，井下工作人员应全部停工上井。风筒末端距工作面：煤巷不得超过6 m，岩巷不得超过10 m。

(16)因停电而受到风影响的所有工作面，都必须经通风、瓦斯检查人员检测，证实无危险后，方可恢复工作。

(17)井下配电、用电及电控设备都必须采用防爆设备或器材，不得使用失爆的电气设备，器件。井下严禁使用绝缘不良或非阻燃的电缆，不准有“鸡爪子”或明接头。井下电工必须持证上岗，无证人员不准接电。

9. 火工材料使用安全措施

如果在施工中确需使用火工材料的，应该按照以下规定进行使用：

(1) 按照“谁主管，谁负责”的原则，使用火工材料的负责人是安全管理的第一责任人，对安全管理负总责，发生火工材料外流和安全事故的，分别根据管理者和使用者的责任大小追究有关责任。

(2) 应购置保险柜用于存放雷管，不得将火工材料乱堆乱放。火工材料临时存放点如需搬迁，应经保卫部门同意，否则，不予供应火工材料。

(3) 使用火工材料的人员必须持证上岗，违者造成后果的，依据有关法规追究有关责任，直至刑事责任。仓管员发放火工材料时，应凭证发放，严禁将火工材料给无证人员使用，同时对领用或退库的火工材料，仓管员、爆破员、监炮员应同时签字证实，并按实记录。

(4) 使用火工材料的各种登记表格的填写，必须规范、及时、真实、完整，并应准确到每发雷管、每箱炸药，做到帐物相符。

(5) 从临时存放点领取火工材料前往作业场所时，严禁雷管、炸药混拿；在加工药包时，严禁吸烟，并应选择安全地点进行加工。

(6) 严禁私藏、挪用、转借、自制出售火工材料。因违反本规定导致火工材料流向社会，造成后果的提交有关部门追究有关人员责任。

(7) 领往作业现场的火工材料必须有人看管，当班使用或当班所剩火工材料应按时退库。

(8) 装药时只准用木棍、竹筒进行送药，禁用铁器类物品捅推药物。

(9) 点炮之前必须发出信号，做好安全警戒工作，警戒指挥人员 应选择安全地点或在掩体中避炮；炮响完毕，经确认安全后，方可发出信号，撤除警戒。

(10) 对瞎炮的处理，应采用在瞎炮炮眼旁 300 mm 处，与瞎炮眼平行打眼爆破，消除瞎炮。禁止从炮眼中直接掏出起爆药包。

(11)工程结束或告一段落，不再需要使用火工材料或暂时不用火工材料的，均应将所剩火工材料及时返回炸药总库，并及时办理注销供应或临时停供手续。

10. 机电安全技术措施

(1)非从事专业电气和机械的人员严禁使用或玩弄机电设备及装备。

(2)施工现场不允许乱扯电线进行照明使用。

(3)施工现场的搅拌机、提升机电，下雨时要用防水材料盖好。

(4)施工现场要防止触电事故的发生，施工现场所安装的电气设备线路均应按照正规的接线方式接线，严禁出现线路脱皮裸露导线，导线接地，线头接头严禁有“鸡爪子”“羊尾巴”，接地线要有较好的接地性能。

二、井下灾害防治措施

1. 粉尘的防治措施

岩石巷道采用湿式打眼，爆破时采用水炮泥，爆破后工作面洒水降尘，作业人员佩带防尘口罩。

2. 有害气体的防治措施

(1)采掘工作的进风流中，O_2浓度不低于 20%，CO_2浓度不超过 0.5%。

(2)采掘工作面的进风流中有害气体最高允许浓度(所有有害气体的浓度均按体积百分比计算)为：CO 0.0024%；NO_2 0.00025%；SO_2 0.0005%；H_2S 0.00066%；NH_3 0.004%。

(3)确保井下各用风地点有足够的风量，保证通风系统畅通无阻。

(4)建立瓦斯检查制度，配备瓦斯检查员，对井下工作地点每班都要进行检查，采掘面每班检查两次，发现问题及时处理。严格执行“一炮三检”制度。

(5)因故停风前后都要检查瓦斯，确保安全后方可进行工作。

(6)采掘工作面风流中瓦斯浓度达到 0.5%时，必须停止电钻打眼，放炮地点附近 20 m 以内风流中瓦斯浓度达到 0.5%时，禁止放炮起爆。

采掘工作面风流中瓦斯浓度达到 0.5%时，必须停止工作，切断电源，进行处理。电机附近 20 m 以内风流中瓦斯浓度达到 1.5%时，必须停止运转，切断电源，进行处理。

(7)防治 CO，井下要防止煤岩自燃，加强通风，防治 CO 聚集。放炮后，喷雾洒水控制煤尘飞扬，防止煤尘爆炸。井下采用长式 CO 检定管监测 CO 浓度。

(8)防治 H_2S，加强通风，向煤体中注入石灰水，及时封闭不能冲淡的 H_2S 浓度超限的地点，井下采用 H_2S 浓度检定管或采用浸过醋酸溶液的试纸监测(试纸变黑时表明 H_2S 浓度达到危险程度）H_2S 情况。

3. 防透水措施

（1）井巷工作面发现有透水预兆（挂红、挂汗、空气变冷、出现雾气、水叫、顶板淋水加大、顶板来压、底板膨胀或产生裂隙出现渗水、水色发浑、有臭味等异状）时，必须停止作业，采取措施，向上级汇报，如果情况紧急，必须发出警报，撤出所有受水威胁地点的人员。

（2）掘进工作面遇到下列情况时，应进行探水，确认无突水危险后方可前进：

①接近水淹或可能积水的井巷、老巷、小煤矿时；

②接近水文地质复杂的井巷，并有出水征兆时；

③接近含水层、导水断层、溶洞或陷落柱时；

④接近可能同河流、水井相通的断层或破碎带时；

⑤接近有水或稀泥的灌浆区时；

⑥底板原始导水裂隙有透水危险时；

⑦接近其他可能透水的地区时。

4. 穿过破碎带或破碎岩层的施工技术措施

掘进遇到破碎带或破碎岩层时，可采用无腿棚临时支护方法。

第二节　煤矿开采安全技术

一、国内露天煤矿开采新技术

（一）露天煤矿开采技术发展特点

1. 露天采矿工艺发展趋势

（1）设备大型化与开采集中化

目前单斗电铲勺斗容积已达 76.5 m^3，其装载重量超过 100 t；与之相匹配的卡车载重量已达 363 t。单个露天矿的生产能力已达 60 Mt/a。

（2）开采工艺的连续化

最具代表性的连续工艺是轮斗挖掘机－带式输送机－排土机，采用这种工艺可以实现高效率、低成本。

近 40～50 年中，露天矿半连续工艺得到了越来越广泛的应用，以适应当地的矿床埋藏条件。

（3）生产环节的合并化与开采工艺的简化

条件适宜时可采用某种开采设备，实现两个甚至三个生产环节的合并，以简化开采过程并大幅度降低开采成本。巨型拉斗电铲倒堆剥离是一种典型的合并式工艺；铲运机剥离工艺是另一种合并式工艺。

（4）开采工艺的综合化

随着矿山开采的集中化趋势，单个露天矿的开采范围扩大，开采深度日益增加，开采境界内矿岩赋存条件往往复杂多变。针对这种情况，传统的单一开采工艺方式往往不能与之相适应，使开采效率降低，开采成本提高。近年来，多种开采工艺综合应用已经成为大型露天开采的一种发展模式。

2. 我国露天煤矿采煤特点

(1)资源友好，回采率高，可以达到95%以上。

(2)安全可靠性大，人员死亡率低，可以连续多年保持零死亡率。

(3)环境友好，土地复垦，容易实现露天采矿与生态环境重建一体化。

(4)集中开采，生产规模大，投资与生产成本低。

(5)机械化程度和人均工效高，便于实现现代化管理。

(6)能够突出体现煤炭资源安全、高产高效、高回收率的开发。世界各主要采煤国都优先发展露天采煤，各国露天开采产量所占比例如下：德国 76.6%，澳大利亚 71.2%，印度 70.5%，美国 67.0%，俄罗斯 58.2%，南非 52.9%，波兰 32.0%。目前我国露天煤矿的产量只占总产量的 5.0%左右。

3. 我国露天采煤发展历史及现状与前景

(1)20 世纪 50 至 60 年代，我国在原苏联援助下，建设了一批露天开采骨干矿山，其中抚顺西露天矿、阜新海州露天矿生产能力皆在 3 Mt/a 以上。全国露天煤矿年生产能力达 20 Mt。

(2)20 世纪 70 年代改革开放以后，我国决定开发五大露天煤矿，即安太堡露天煤矿、黑岱沟露天煤矿、霍林河南露天煤矿、伊敏河一号露天煤矿、元宝山露天煤矿，其设计总生产能力为 52 Mt/a。自 80 年代至 90 年代，五大露天煤矿已经先后建成移交生产。

(3)进入 21 世纪以来，我国露天采煤新高潮正在兴起。煤炭是我国重要的基础能源和原料，在国民经济中具有重要的战略地位。国家《煤炭工业发展"十二五"规划》中提出"新建煤矿以大型现代化煤矿为主，优先建设露天煤矿"。

(4)我国目前正在改扩建、新建和待建的露天煤矿有胜利东一号露天煤矿、胜利东二号露天煤矿、胜利东三号露天煤矿、胜利西一号露天煤矿、胜利西二号露天煤矿、白音华一号露天煤矿、白音华二号露天煤矿、白音华三号露天煤矿、白音华四号露天煤矿、黑岱沟露天煤矿、哈尔乌素露天煤矿、安太堡露天煤矿、安家岭露天煤矿、平朔安太堡露天煤矿、霍林河露天煤矿、伊敏河露天煤矿、扎哈诺尔露天煤矿、宝清朝阳露天煤矿、魏家卯露天煤矿、小龙潭露天煤矿、先锋露天煤矿、宝日西勒露天煤矿等。

4. 我国露天煤矿开采存在的问题

我国露天煤矿一般具有近水平矿床、多煤层、厚煤层、厚覆盖层等赋存特点。目前的生产露天煤矿多以单斗挖掘机一卡车间断工艺为主，开采工艺单一，主要设备依赖进口，长期超期服役，设计理论与手段陈旧，管理水平落后。

(二) 露天煤矿开采新工艺与方法

1. 露天煤矿拉斗铲无运输倒堆新工艺

大型拉斗铲无运输倒堆工艺是一种先进的露天开采工艺，它集采掘、运输与排土三项作业于一体，将剥离物直接倒堆排弃于露天矿采空区内，具有设备少、作业效率高、生产成本低、生产能力大、生产可靠性高等显著特点，在国际露天矿山开采中，已成为首选的露天开采工艺。有关资料表明，美国、澳大利亚、俄罗斯、南非、加拿大、印度、巴西、哥伦比亚、墨西哥、土尔其、英国、赞比亚等国都有拉斗铲无运输倒堆工艺应用的实例。拉斗铲无运输倒堆工艺适用于近水平或缓倾斜煤层，对剥离物的物理力学性质和气候条件等无严格要求，我国正在开发和规划开发的多个大型露天矿区具备应用拉斗铲无运输倒堆工艺的基本条件。

(1)拉斗铲无运输倒堆工艺特点分析

固体矿物资源露天开发有两种基本方式。矿坑式开采是指将覆盖物从矿层上剥离并移运到相对较远的外排土场。倒堆开采是指将覆盖物从矿层上剥离并直接倒堆排弃于采空区，一次只暴露一小部分矿石，然后不断重复这一过程。拉斗铲是当今最主要的倒堆开采设备。

(2)拉斗铲无运输倒堆工艺评价

拉斗铲设备规格大，生产能力大且生产作业不容易受到如坑底积水等不利条件的干扰，对物料性质、气候条件和资源条件变化的适应能力强。虽然拉斗铲无运输倒堆工艺具有单台设备投资高、设备订货时间长、辅助设备工程量大、管理水平要求高等劣势，但当资源条件适合时，采用该工艺开采的成本远低于其他工艺，因此其应用前景十分广阔。

(3)拉斗铲应用概况

自20世纪初第一台拉斗铲问世以来，世界上共生产出700余台各种型号的拉斗铲，用户遍及数十个国家。

美国是世界第二大产煤国，同时是最大的拉斗铲使用国，拉斗铲倒堆剥离生产的煤量占全美煤炭产量的57%以上。在美国西部各州、海湾诸州、波德河煤田等地区拉斗铲无运输倒堆工艺皆占主导地位。

我国应用拉斗铲无运输倒堆工艺普遍适用于近水平或缓倾斜煤层的露天矿，一般下部煤层厚度小于40 m时应优先考虑采用。我国已经或将要开发的10多个适宜露天开采的大型、特大型煤田及矿区，大部分具有采用拉斗铲倒堆剥离工艺的有利条件。

2. 露天煤矿表土剥离半连续新工艺

(1)实现露天矿表土松软剥离物采用半连续开采工艺的关键技术是破碎转载设备。由于表土物料具有很大的粘结性，当其进入传统破碎机后，极易对设备造成粘结和堵塞，导致设备无法正常工作。

(2)轮式软岩破碎机正是根据这一需要提出来的，通过单斗挖掘机一(汽车)轮式软岩破碎站一带式输送机组成的半连续工艺系统，可以替代或替补轮斗挖掘机作业，实现用带式输送机取代汽车运输。由此组成的采矿系统，可以兼顾连续及间断工艺的优点。

(3)露天采场的表土剥离作业具有如下特点：岩性松软，一般不需爆破，电铲即可直接采装，物料性质适合带式输送机；处于采场上部，工作线长度大，内排时运距远。

(4)露天矿建设初期一般都需建设外部排土场排弃剥离物，当采用带式输送机运输后，半连续工艺系统所排弃的剥离物可堆排至排土场较远的区域，而汽车运输的剥离物可堆排至排土场较近的区域，以最大限度地发挥胶带运输和汽车运输的各自优点。当露天矿矿山工程发展到可实现内部排土时，则需将原设置的带式输送机系统重新拆铺，从而对露天矿生产造成一定影响。

(5)为了克服由此带来的不足，表土剥离半连续工艺系统的设置时间也可从内排土场建立之后设置。无论是从矿建初期开始设置还是从内排时期开始设置，电铲与带式输送机间可以有不同的配置方式，即在工作面上设置移动式破碎转载站或在端帮设置半固定式破碎转载站。若在工作面上配置移动式破碎转载站，则电铲采装的剥离物就可直接装入转载装置，然后卸入工作面带式输送机。

3. 大型近水平露天煤矿端帮靠帮开采新方法

靠帮开采的核心是提高端帮的帮坡角，但是对于生产矿山和设计矿山，靠帮开采的具体方法是不同的。

(1)生产矿山采用的靠帮开采方式应为上部境界不动，下部境界向外推进，为达到这一目的，采用的手段是取消现存于端帮的运输道路。这种开采方式增加了生产露天矿的煤炭采出量，达到了降低生产剥采比、提高经济效益和煤炭资源回收率的目的。为表述方便，以下称这种做法为第一种靠帮开采方式。

(2)设计矿山采用的靠帮开采方式应为下部境界不动，上部境界向内缩进，为达到这一目的，在矿山设计阶段就不能考虑在端帮布置运输道路。这种开采方式在保证煤炭采出量基本不变的情况下，减少了剥离量(即减少端帮补充扩帮量)，达到了与(1)相同的目的。为表述方便，以下称这种做法为第二种靠帮开采方式。

(3)由于煤层形成是长期复杂的地质过程，经常会出现断层、侵蚀、煤层分岔以及煤层厚度的变化，同时上覆岩层的厚度也是随区域不同而变化的。因此，在实际生产过程中往往遇到的是靠帮开采的剥采比随着区域的变化而不同，需要建立一套预测体系对靠帮开采剥采比进行预测，做出合理的生产计划，用以指导靠帮开采生产。

(三)露天煤矿开采使用的主要设备

1. 单斗液压挖掘机

单斗液压挖掘机是一种采用液压传动并以一个铲斗进行挖掘作业的机械。它是在机械传动单斗挖掘机的基础上发展而来的，是目前挖掘机械中重要的品种。

单斗液压挖掘机的作业过程是以铲斗的切削刃(通常装有斗齿)切削土壤并将土转入斗内，斗装满后提升、回转至卸土位置进行卸载，而后铲斗再转回进行下一次挖掘。当挖掘机挖完一段土后，机械移位，以便继续工作。

液压挖掘机重量轻、行走速度快、机动灵活、作业效率高；售价低、投资少、更新快；传动系统简单、平稳可靠；操作省力、工作环境好等，比机械挖掘机有更多的优点。目前在露天开采中，已取代了中小型机械挖掘机。

2. 单斗机械挖掘机

单斗机械挖掘机也称电铲，工作可靠、使用寿命长、生产效率高、操作费用低。在液压挖掘机、轮式装载机迅猛发展的今天，大型电铲仍为露天矿山的主要装载设备。

单斗挖掘机是用一个铲斗以间歇重复工作循环进行工作的，即由挖掘、满斗回转、卸载，空斗回转四个工序构成一个工作循环。在作业过程中，由于斗杆可以伸缩，挖掘机是不移动的，直到将一次停机范围内的物料挖完，挖掘机才移动到新的作业点。

3. 拉斗铲

拉斗铲(英文名称 dragline，中文名称亦有索斗铲、拉铲、钢丝绳斗铲等)属于单斗挖掘机类，它是一种铲斗与悬臂间用钢丝绳挠性连接的用于特大型露天矿覆盖物剥离或挖掘的单斗刨铲式采装设备。

拉斗铲的种类按驱动动力方式分有电力驱动、柴油驱动和柴油—电力混合驱动三种，现代大型拉斗铲一般均采用电力驱动；按行走装置类型拉斗铲可分为迈步式、履带式和轮胎式三种，履带式和轮胎式一般用于小斗容的拉斗铲，而大型拉斗铲由于自重量大，所以其行走方式一般采用迈步式。

4. 矿用大型自卸汽车

矿用自卸汽车是在矿山或大型土建工地的专用道路上作短距离运输的专用自卸汽车，简称矿用汽车。初期的矿用汽车与公路上行驶的自卸汽车并无很大区别，但随着矿山生产规模的增加，为了提高汽车生产效率，矿用汽车逐步发展成具有自己的结构特点、载重吨位显著加大、需要专门设计的一类汽车。

我国矿用汽车的使用主要集中在冶金、煤炭、化工、建材等露天矿山和水利、铁路等大型土建工地。

由于大型煤矿、铜矿以及油砂矿的规模在不断增大，迫切需要更大型的矿用汽车。这也表明汽车大型化还会有新发展，有可能出现有效载重高达 400、500、600 t级的矿用汽车，有人甚至预测 20 年后，会出现有效载重高达1000 t的矿用汽车。其布置方式可能还是双轴 6 轮、单发动机、电力或机械后驱动；也有可能是双轴 8 轮、前后驱动的。这种汽车能否出现，要取决于矿山是否能发展到那么大。

5. 破碎机

世界上移动式破碎技术和设备的生产主要为前联邦德国所垄断，主要由 Krupper、O&K 和 PHB 三家公司控制，1988 年初 O&K 兼并 PHB 以后市场大致为 Krupper 和 O&K 平分。

采用工作面自移式破碎机可实现硬岩的连续运输，提高单斗挖掘机的生产效率和能力，降低运输成本。

我国伊敏一号露天矿在二期扩建改造中设计部分采用单斗—自移式破碎机—带式输送机半连续工艺。伊敏一号露天矿于 1983 年末开工建设，建设规模为年产原煤1 Mt，采用单斗—卡车工艺，1984 年末达产；为满足电厂用煤需要，露天矿一期规模由1 Mt/a增加到 5 Mt/a，1998 年 5 月建成投产，2000 年达到设计能力；2003 年伊敏煤电公司决定进行二期扩建，露天矿年设计能力达 11.10 Mt。

伊敏一号露天矿引进德国 Krupper 公司生产的破碎机组，系统由破碎机和两台转载车组成，系统设计产能力 3000t/h。

(四)露天煤矿开采环境保护

1. 矿山生产对生态环境的影响

(1)对土地的直接影响

主要表现为对土地的挖损、占压以及造成地表的塌陷。

(2)对土地的间接影响

主要表现为：

①土壤的酸化、盐碱化和盐渍化。因为塌陷区易形成封闭式湖泊，由固体排弃物中有害元素与物质析出造成的，越往深层表现越甚。

②土地沙化和土壤贫瘠化。剥离物排弃使潜层沙土表面化，其他辅助作业也可以使土地沙化。

③水土流失。水土流失主要是由风力和水力侵蚀造成的。

(3)对景观和植被的影响

①所有挖损、占压、塌陷和其他一切对地表的人为扰动，都会影响原有的自然景观和生态植被；

②煤炭赋存的自然位置，使人们很难顾及地表自然景观和生态植被；

③采矿对自然景观和生态植被的影响有时是毁灭性的、不可逆的；

④采矿对空气、土壤的污染，地下水域水土流失都会对自然景观和生态植被造成不良影响。

(4)对永久性建筑与设施的影响

主要表现为不均匀沉降，地表开裂，岩层移动或滑动，泥石流与岩体崩塌等。

(5)噪声与振动

噪声与振动源主要有以下类型：

①空气动力源，如风机、风扇、跳汰机和风阀等；

②机械动力源，如振动筛、溜槽、各种采运设备；

③电磁动力源，如电机、电焊机、电器设备等；

④人工动力源，如爆破、人力施工等。

(6)烟尘与粉尘及有害气体

①烟尘排放；

②煤及煤矸石自燃产生的烟尘；

③矿区粉尘；

④煤层气排放。

2. 露天煤矿环境保护基本措施

(1)洒水降尘。

(2)植树造林。

(3)采用有效措施控制矿用汽车的尾气排放。

(4)通风除尘。

(5)加强环境监测。

(五)智能矿山

目前，世界上的智能矿山管理系统以 Mining Modular System 公司所开发的 IntelliMine™为代表，它以计算机为基础，为矿山的生产提供完整的解决方案。IntelliMine™包括 DISPATCH、ProVision 高精度 GPS 系统、开放式报表系(FORMS)、Web 报表以及最新的 MasterLink(无线电通讯系统)。

智能矿山核心软件是由许多标准化、模块化的实时多用户计算机监控系统组成，系统根据用户实际需要可灵活的生成标准用户软件，满足用户的需求。

1. 卡车和电铲的调度

系统捕捉到所需的数据，然后通过线性规划计算，使卡车的排队时间和电铲的待装时间减少。这种设备利用率的提高是在考虑到混矿要求和生产限制条件的情况下实现的。通过统计挖掘速率、卡车停车到位时间、卡车排队时间和操作延误时间，对造成延误和效率损失的原因进行分类和数量的统计，开发有关增产的策略，解决生产中出现的问题，从而不断提高生产率。

2. 运输设备跟踪

虚拟信标是IntelliMine™ GPS对移动设备进行跟踪的基础，IntelliMine™在各呼叫点、装载点、仓库、破碎站、卸料点、车间、加油站利用虚拟信标对移动设备进行跟踪。在IntelliMine™ GPS数据库中，虚拟信标是简单的数据单元。数据库中的每个虚拟信标都有与矿坑及矿图位置相符的南北、东西方向坐标。信标是由ID代码和覆盖半径定义的。虚拟信标同时存储在机载计算机和主控计算机的内存中，生产人员根据生产环境的改变可以创建、关闭、移动、删除一个信标，通过无线电网络对信标进行更新。

生产期间，安装在移动设备上的GPS接受器连续不断地测定该设备的南北、东西方向的坐标。利用环绕地球的GPS卫星的定位功能和GPS地面基准站偏差修正功能，将其定位精度控制在10 m之内(根据用户需求)。当某台移动设备的定位信息与GPS数据库中的虚拟信标进行比较时(设备进入到虚拟信标的圆内)，移动设备上的通讯处理器向中央处理器报告移动设备是进入还是离开该信标。该位置信息以文本格式出现在IntelliMine™处理屏幕和矿坑图型上。每台移动设备的GPS接收机每30s刷新设备位置。这些信息将被用于矿山图形中，如GPS位置历史报告查询和故障诊断。

3. GPS覆盖范围

由于大气变化，利用GPS卫星信号在计算GPS接收器天线位置时，容易使精度产生误差，GPS地面基准站负责测量卫星信号的误差，使GPS系统在任何气候条件下的保证精度在5～10 m，这就足够满足对设备进行跟踪。地面基准站安装在固定地点，用于测量卫星误差。它是通过计算已经确定的自身位置和卫星所测量的位置之间的差异，发送出校正因数，为每个卫星和运输车队进行差分校正。

4. IntelliMine™对卡车和电铲的实时调度

由于许多用户使用多种不同的装载设备和卡车，用户通过使用自动调度系统将会得到更多的收益，因此公共卸料点和公共运输路段的设置和使用，会给调度系统更多的调度机会，从而使效率得到提高的会更多。

IntelliMine™调度系统在优化卡车任务分配时，使用多种强大的数学算法，其中包括线性规划(LP)、动态规划(DP)和最佳路径选择。

IntelliMine™随时监视每个运输周期中的每个环节，一旦在本班中某个运输周期环节出现了大的变化，IntelliMine™会得到新的线性规划计算结果，该运算结果会被随时用到当前的任务分配计算中去。

将线性规划计算的最佳运输流程图和人工智能启发式的调度系统结合起来，即可得到最理想的任务指派结果。

5. IntelliMine™系统对物料搬运的控制

通过使用全球卫星定位系统技术，装载设备和运输设备被实时地监控着。结合使用矿体模型的信息，在每个采掘工作面的物料种类和开采区的数据(该数据由采矿计划部门输入)，还有卸载点的物料种类，那么，使用先进的IntelliMine™软件可以跟踪，控制和协调物料的搬运。

每台装载设备都通过GPS系统与采矿区的位置联系在一起。当卡车的车斗升起时，卸载点的位置会被识别出来。物料从装载点到卸载点的移动的每个过程都被准确地跟踪并报告出来，这样能够实现最大限度地提高对矿物资源的利用率。

卡车在每个装载点的位置和所装载的物料种类都被记录下来，包括矿坑名称、台阶编号、物料种类、矿石成分或采区编号和所知道的一切有关物料的属性(品质参数、杂质含量和可磨性指数等等)。每个采区或物料的种类在系统中已有被指定的运往地点(与短期计划相接口)。如果某辆卡车偏离了驶向规定的卸载点的路线，那么系统中会显示出异常情况，需要操作人员和调度员做出反应并纠正错误的行驶路线。

6. IntelliMine™卡车加油的最优控制

通过最佳时机卡车去加油可提高生产效率。模块公司的调度系统还可以在装载设备加油时，自动分配到该装载设备装车的卡车进行其他的工作。当装载设备的操作人员通过设备上安装的模块公司的触摸屏输入加油指令时，调度系统会自动地开始安排该装载设备的卡车到其他正在工作的电铲去装车。本系统会按照此项事件的默认延时时间(如20 min)安排该装载设备加油，在该装载设备可进行工作时本系统会将卡车分配回该装载设备。

运输车辆近距离监测系统功能是当一台车辆与另一台车相距一定距离时向驾驶员发出报警，提醒驾驶员注意，防止事故发生。这一特殊功能特别适用那些由于各种原因使驾驶员的能见度减弱区域。例如，车辆到达坡顶、在矿坑底部或是在仓库周围工作。

当装载设备加油时，调度系统也会利用此机会寻找需要加油的卡车。因为当装载设备数目下降时，本系统会认为当前的卡车数已超出目前矿山生产所需的卡车数，那么调度系统会分派油箱内剩余燃料低于所设定的初级极限(如25%)的卡车去加油。

7. 系统硬件

智能矿山车载设备硬件包括卡车、电铲和其他移动设备的车载计算机系统(FCS)，以及GPS卫星接收器，数据无线电通讯设备也是智能矿山车载设备中一个完整的硬件部分。

二、国外煤矿开采安全技术

(一)美国典型煤矿高新开采安全技术

美国煤矿生产集中规模不断提高，煤矿采用高新技术，生产效率高，煤矿安全生产状况好，本节重点介绍美国两个典型露天煤矿和两个典型长壁综采矿井的高新技术应用现状。

从20世纪70年代后期开始至今，美国大型煤炭公司通过兼并、联合，企业向大型化、集团化发展。规模排位前8家的美国煤炭企业煤炭产量比重从1976年的33.6%提高到2008年的60.7%。皮博迪能源集团公司(Peabody Energy)是美国最大的煤炭生产企业，2008年产煤182.1 Mt，占美国煤炭总产量的17.1%。2008年美国全国共有重点煤矿51个，其中露天煤矿29个，井工煤矿22个。这些重点煤矿的煤炭产量占全国煤炭总产量的61%。全国拥有长壁综采矿井41个，其中，固本能源公司(Consol Energy Inc)的拜莱煤矿(Bailey ine)是美国长壁综采煤炭产量最高的矿井，其劳动生产率由1983年的2.4 t/人·h提高到2008年的6.4 t/人·h，增长率高达61%。美国全国煤矿事故死亡人数从1980年的125人减少到2008年的29人，降幅达到78%。

(二)露天煤矿

1. 美国露天煤矿概况

由于美国具有得天独厚的煤炭资源赋存条件，近40多年来，美国露天采煤业发展迅速，露天开采比重从1970年的44%提高到2008年的66%。

随着高性能大型露天开采设备和计算机监控系统的采用，露天煤矿产量大幅增加。2008年美国拥有露天煤矿52个，其中，千万吨级以上的露天煤矿11个。怀俄明州是美国露天煤矿最多的产煤州，有露天煤矿16个，其中大型露天煤矿14个，煤炭产量达到379.8 Mt，平均单个露天矿煤炭产量达27.1 Mt。北安特洛浦/罗切尔露天矿(North An-telope Rochelle Mine)是美国最大的露天煤矿，2008年生产煤炭88.5 Mt。

2. 典型露天煤矿

(1)北安特洛浦/罗切尔露天煤矿。美国皮博迪能源集团公司经营的北安特洛浦/罗切尔露天煤矿位于美国怀俄明州吉列县境内。该矿由1983年底投产的北安特洛浦露天矿和1985年底投产的罗切尔露天矿于1999年合并为北安特洛浦/罗切尔露天煤矿，成为美国目前最大的露天煤矿。该矿煤炭产量占美国煤炭总产量的8.3%。该矿自建成以来已累计生产煤炭12亿t。2008年该矿有矿工1080人，产煤88.4 Mt。

该矿开采的煤层是波德河煤田的Wyodak-Anderson煤层，煤层厚度18.29～24.39 m，表土覆盖层厚度15.24～106.68 m。目前该矿剩余的煤炭可采储量约为10.88亿t。该露天矿生产的煤炭是美国生产的含硫量最低的煤炭。典型的煤质参数：硫分为0.2%；热值为20.04～20.50 MJ/kg。该矿采用的设备主要有3台索斗铲和5个由自卸式卡车、机铲组成的采运队。在3个矿坑内采煤，采出的煤炭用自卸式卡车运输倾倒入给料斗。全矿共有4个给料斗。大块煤经坑内破碎机破碎后由胶带输送机直接输送到圆型储煤装载仓，再由组合列车运往用户。煤炭装载设施由5个储煤装载仓组成，可满足150节车皮组合列车装载。目前，该露天矿有38个电厂煤炭用户。该露天矿每天2班作业，每班12小时，全年365天生产。

(2)黑雷露天煤矿(Black Thunder CoalMine)。位于怀俄明州吉列县以南70 km处的阿奇煤炭公司(Arch Coal Inc.)黑雷露天煤矿是规模仅次于北安特洛浦/罗切尔露天煤矿的美国第二大露天煤矿，其煤炭产量占美国煤炭总产量的7.6%。黑雷露天煤矿于1976年开始建设，1977年投产。该矿使用了大块煤破碎设备、胶带输送机运输系统和高速组合列车装载系统。目前该矿所有设备都采用了计算机控制系统，其中包括1989年安装的采坑内块煤破碎系统和胶带输送机输送系统。1998年以前，黑雷露天煤矿主要由阿科煤炭公司(ARCO)经营，现归属阿奇煤炭公司经营。2008年黑雷露天煤矿产煤80.4 Mt。

黑雷露天煤矿现开采的煤层是Wyodak煤层。煤层赋存呈缓倾斜状，煤层厚度22 m，局部煤层有夹矸。2004年，阿奇煤炭公司出资6.11亿美元成功收购了邻近煤矿的煤炭资源开采权，增加煤炭可采储量约650 Mt，使阿奇煤炭公司的煤炭可采储量增加到13.70亿t。黑雷露天煤矿开采的煤炭是低硫次烟煤。所产煤炭除大块煤需要破碎外，无须进行洗选就可以直接供给电厂发电。典型的煤质参数：热值为20.3 MJ/kg；灰分为5%；水分为25%～30%。

黑雷露天煤矿在其矿山开采权范围内有几个独立的露天矿坑。露天矿表土覆盖层的剥离采用6台索斗铲，其中3台为大型索斗铲。B—E2570 WS型索斗铲是最大的1台，自重6700 t。另外3台索斗铲，1台B—E1570W型索斗铲，臂长97.5 m，斗容69 m³，1台B—E 1300W型索斗铲，臂长92 m，斗容34 m³；1台从阿奇煤炭公司调运来的。露天矿浅层表土剥离首先采用爆破方式进行松动，先用自卸卡车完成20%～30%的表土覆盖层剥离，然后采用索斗铲倒堆完成全部剥离作业。煤层开采也是采用先爆破后开采的方式。采用5台P&H 2800型机铲和1台Marion 351—M型机铲。自卸卡车采用载重218 t的Liebherr T—262型和载重290 t的Komatsu 930E型。露天矿坑边设有半固定式破碎站，由自卸卡车运来的煤在破碎站经破碎机初步破碎后，再由1条长3.5km的胶带输送机运送至储煤装载仓。装车系统由1座容量为12700 t的储煤装载仓和1座容量为82000 t的储煤装载仓及自动计量全自动化装车站组成，装载能力分别为4100 t/h和10800 t/h。

(三)井工煤矿

1. 美国长壁综采矿井概况

美国从20世纪60年代开始从西欧引进长壁综采技术，并在70年代期间逐步推广应用，从而使长壁综采煤炭产量在井工煤矿总产量中的比重不断增加。2008年，美国有长壁综采矿井41个，其中，固本能源公司拜莱煤矿是美国长壁综采年产量最高的煤矿，年产煤9.996 Mt。威廉森能源公司(Williamson Energy，LLC)马奇1号矿(MachNo.1)是美国长壁综采平均工效最高的煤矿，人均工效达到14.03t/h。美国单一长壁工作面的产量也不断刷新。2005年皮博迪能源集团公司二十英里煤矿(Twentymile Mine)长壁工作面年单产达到8.7 Mt，人均年产煤27000 t。该矿第一个综合机械化采煤工作面自1989年投产以来，已累计生产煤炭100 Mt。

2. 典型长壁综采矿井

(1)二十英里煤矿。皮博迪能源集团公司二十英里煤矿位于美国科罗拉多州西北部，距斯廷博特斯普林斯县(Steamboat Springs)30 km。1987年以前，二十英里煤矿采用房柱式开采。1989年投产了第一个长壁综采工作面。2005年该矿长壁工作面单产达到8.7 Mt。2006年增设新的长壁采区。2008年该矿有矿工496人，产煤7.8 Mt，人均年产煤15725 t。二十英里煤矿开采的是格林河(Green River)煤田的上部煤层。煤层厚度为2.6～2.9 m，煤层最大倾角10°。矿井采深300～400 m。目前该煤矿规划区内的煤炭可采储量有100 Mt。二十英里煤矿生产动力煤，产出的煤炭无需洗选直接供给用户。典型的煤质参数：水分为10.3%；灰分为9.8%；挥发分为35.5%；热值为26.3 MJ/kg。二十英里煤矿采用平硐开拓，从地面广场用连续采煤机沿煤层开拓5条平硐，除1条安装胶带输送机运煤外，其余4条中，2条为进风巷，2条为回风巷。井上下都采用柴油机驱动的无轨车运输人员和材料和设备。现有两条采区巷道掘进工作面。每条巷道掘进工作面配备的设备有：1台久益(Joy)12CM12型连续采煤机、2台弗莱御尔(Fletcher)型顶板锚杆安装机、2台久益梭车和1台斯泰穆勒(Stamler)型履带式给料破碎机。巷道宽6 m，高2.9 m，顶板锚固采用长1.8 m的树脂锚杆。二十英里煤矿采用单一长壁工作面作为主要的煤炭生产单位。1989—2001年，二十英里煤矿已完成9个采区的煤炭开采。现有的煤炭储量尚可供布置15个采区。工作面长度由最初的195 m增加到1999年的305 m，采区最长曾达到5.5 km。综采工作面采用的设备包括：1台朗艾道(Long—Airdox)Electra 3000型双滚筒采煤机、174台液压支架、1台DBT可弯曲刮板输送机和1台转载机。煤炭运输系统采用大陆公司生产的胶带式输送机，带宽1.8 m，输送能力为5000t/h。2006年，二十英里煤矿新购入1套长壁综采设备，并提升了煤炭运输系统的输送能力。滚筒采煤机的割煤运行速度为40 m/min，割深900 mm，每班完成20～22个生产循环，班产煤2700 t。最高日产煤46340 t。为防止运输系统出现过载，采用计算机监控系统控制滚筒采煤机的运行状态。二十英里煤矿巷道掘进产出的原煤需要进行洗选，长壁综采工作面产出的煤炭在装车外运前需经筛分，并破碎到55 mm的粒度。由联合太平洋公司(Union Pacific)每天安排1列105节车皮的组合列车外运，每次运煤量为10000 t。

(2)苏福(SUFCO)煤矿。阿齐煤炭公司苏福煤矿位于美国犹他州萨莱纳东北50 km，盐湖城南200 km处。该煤矿过去一直采用房柱式开采，20世纪80年代开始采用高产高效的长壁式开采。苏福煤矿是犹他州最大的煤矿，生产的动力煤经洛杉矶港出口到日本。2008年该矿有矿工359人，产煤6.95 Mt，平均工效9.18 t/h。苏福煤矿开采的是沃萨奇普拉奥(WasatchPlateau)煤田的煤。煤层厚度2.1～6.1 m，平均厚度4.1 m。平均采深335 m。目前剩余的可供长壁工作面开采的煤炭储量约有41.0 Mt。苏福煤矿的典型煤质参数：水分为10%；灰分为8.5%；硫分为0.35%；热值为26.5 MJ/kg。苏福煤矿巷道掘进采用久益12CM12型连续采煤机和载重18 t的久益梭车，并采用久益锚杆安装机进行顶板支护。苏福煤矿于1985年首次采用长壁工作面开采，1998年安装使用了现代长壁综采工作面开采设备。开采的煤层厚度为2.6 m。18号采区是该矿首次布置的“超级采区”。工作面长283 m，采区长4.3km。2000年，该矿开采的22号采区长5.7 km，年产煤6.9 Mt。采区间设备搬家所用的时间平均为8～12天，机械设备总重量5200 t，运距长达6 km。综采工作面采用的设备包括：1台久益7LS—3型双滚筒采煤机、久益掩护式液压支架、DBT可弯曲刮板输送机和转载机。工作面额定最高产煤效率为4540 t/h，实际控制在2300 t/h。该工作面平均日产煤22700 t。产出的煤在进入胶带输送机系统之前采用MMD500型给料破碎机将大块煤破碎到55 mm。滚筒采煤机的总装功率为1110 kW，一次行程截深1.07 m，运行速度8～12 m/min。苏福煤矿的地面储煤能力小，仅为27000 t左右。为减少地面压煤，产出的煤须每天用卡车运往130 km以外的联合太平洋公司铁路煤炭集散地。

第三节　煤矿通风安全技术

一、通风系统的选择

(一)煤井通风系统的要求

(1)每一个生产矿井都必须至少有两个行人能通达地面的安全出口，各个出口之间的距离不得小于30 m。如果采用中央式通风系统时，还要在井田境界附近设置安全出口。井下每一个水平到上水平和每个采区至少都要有2个便于行人的安全出口，并同通到地面的安全出口相连通，保证有一个井筒进新鲜空气，另一个井筒排出污浊的空气。

(2)进风井口，必须布置在不受粉尘、灰土、有害和高温气体侵入的地方。进风井筒冬季结冰，对工人身体健康、提升和其他设施有危害时，必须装设暖风设备，保持进风井口以下的空气温度在2℃以上。进风井与出风井的设备地点必须地层稳定且有利于防洪。总回风道不得作为主要行人道，矿井的回风流和主扇的噪音不得造成公害。

(3)箕斗提升或装有皮带运输机的井筒兼作回风井使用时，必须遵守下列规定：

①箕斗提升井兼作回风井时，井上下装卸装置和井塔都必须有完善的封闭措施，其漏风率不超过15%，并应有可靠的降尘设施。装有皮带运输机的井筒兼作回风井时，井筒中的风速不得超过6 m/s，且必须装设甲烷断电仪。

②箕斗提升或装有皮带运输机的井筒兼作进风井时，箕斗提升井筒中的风速不得超过6 m/s；装有皮带运输机的井筒中的风速不得超过4 m/s，并都应有可靠的防尘措施，保证粉尘浓度符合工业卫生标准。井筒中还必须装设自动报警灭火装置和敷设消防管路。

(4)所有矿井都必须采用机械通风，主要扇风机(供全矿、一翼或一个分区使用)必须安装在地面。同一井口不宜选用几台主扇并联运转，主扇要有符合要求的防爆门、反风设施和专用的供电线路。

(5)每一个矿井必须有完整、独立的通风系统，不宜把两个可以独立通风的矿井合并一个通风系统。若有两个出风井，则自采区流到各个出风井的风流需保持独立；各工作面的回风在进入采区回风道之前，各采区的回风在进入回风水平之前都不能任意贯通，下水平的回风流和上水平的进风流必须严格隔开。在条件允许时，要尽量使总进风早分开，总回风晚汇合。

(6)采煤工作面、掘进工作面都应采用独立通风。采煤工作面和其相连接的掘进工作面，在布置独立通风有困难时，可采用串联通风，但必须符合《煤炭安全规程》第114条的有关规定。

(7)井下火药库必须有单独的进风风流，回风风流必须直接引入矿井的总回风道或主要回风道，井下充电硐室必须有单独的风流通风，回风风流可以引入采区回风道中。

(二)选择主扇

(1)抽出式主扇使井下风流处于负压状态，当主扇一旦因故停止运转时，井下的风流压力提高，有可能使采空区瓦斯涌出量减少，比较安全；压入式主扇使井下风流处于正压状态，当主扇停转时，风流压力降低，有可能使采空区瓦斯涌出量增加。

(2)采用压入式通风时，须使矿井总进风路线上设置若干构筑物，使通风管理工作比较困难，漏风较大。

(3)在地面小塌陷区分布较广并和采区相沟通的条件下，用抽出式通风，会把小窑积存的有害气体抽到井下，同时使通过主扇的一部分风流短路，总进风量和工作面有效风量都会减少；压入式通风则能用一部分回风把小窑塌陷区的有害气体压到地面。

(4)在地面小窑塌陷区严重，开采第一水平和低沼气矿井的条件下，采用压入式通风是较合适的，深水平时再过渡到抽出式通风。

目前，抽出式通风仍是主扇主要工作方式。

(三)选择矿井通风方式

1. 中央并列式的适用条件

煤层倾角大、埋藏深，但走向长度不大(井田走向长度小于4km)，而且瓦斯、自然发火都不严重的矿井，采用中央并列式是较合理的。

2. 中央分列式的适用条件

煤层倾角较小、埋藏较浅、走向长度不大，而且瓦斯、自然发火比较严重的矿井，采用中央分列式是较合理的。它与中央并列式相比，安全性要好，通风阻力较小，内部漏风小，这对于瓦斯、自然发火的管理工作是较有利的，且工业广场没有主扇噪音的影响。

3. 两翼对角式的适用条件

煤层走向长度超过4km，井型较大，煤层上部距地面较浅，瓦斯和自然发火严重的矿井，采用两翼对角式比较适宜。

4. 分区对角式的适用条件

煤层距地表浅，或因地表高低起伏较大，无法开掘浅部的总回风巷，在此条件下开掘第一水平时，只能用这种小风井分区通风的布置方式。

5. 混合式的适用条件

井型大、走向长，为了缩短基建时间，在初期采用中央式通风系统，随着生产的发展，当开采到两翼边界附近时，再建立对角式通风系统。

在矿井通风系统确定的基础上，绘制矿井最容易时期与最困难时期通风系统示意图，图中应标明巷道长度、通过风量、通风构筑物位置、风流方向等。

二、矿井风量计算及风量分配

(一)风量计算原则和要求

矿井需风量，按下列要求分别计算，并取其中最大值。

(1)按井下同时工作的最多人数计算，每人每分钟供给风量不得少于4 m^3/min。

(2)按采煤、掘进、硐室及其他用风地点实际需风量的总和计算。各地点的实际需要风量，必须使该地点的风流中的瓦斯、二氧化碳、氢气和其他有害气体的浓度，风速以及温度，每人供风量等，符合《煤矿安全规程》的有关规定。按实际需要计算风量时，应避免备用风量过大或过小，并根据具体条件制定风量计算方法，至少每5年修订1次。

(二)矿井所需风量的计算

1. 矿井总需风量计算

(1)按井下同时工作的最多人数进行计算。

$$Q_m = 4N K_m \quad (m^3/min) \tag{2-1}$$

式中 Q_m——矿井总需风量，m^3/min；

4——每人每分钟供风标准，m^3/min；

N——井下同时工作的最多人数(一般情况下，在交接班时间人数最多)，人；

K_m——矿井通风系数(包括矿井内部漏风和配风不均匀等因素)，宜取1.15～1.25。

(2)按采煤、掘进、硐室和其他地点实际需要风量的总和计算

$$Q_{矿进}=(\sum Q_{采}+\sum Q_{掘}+\sum Q_{硐室}+\sum Q_{其他})K_{矿通} \quad (m^3/min) \tag{2-2}$$

式中 $\sum Q_{采}$——采煤工作面需要风量总和，m^3/min；

$\sum Q_{掘}$——掘进工作面需要风量总和，m^3/min；

$\sum Q_{硐室}$——硐室所需风量总和，m^3/min；

$\sum Q_{其他}$——其他巷道需要风量总和，m^3/min；

$K_{矿通}$——矿井通风需风系数，一般可取1.15～1.20。

2. 采煤工作面实际需要风量计算

采煤工作面实际需要风量，应按瓦斯、二氧化碳涌出量和爆破后的有害气体产生量以及工作面气温、风速和人数等规定分别计算，然后取其中最大值。

(1)按瓦斯涌出量计算。

根据《煤矿安全规程》规定，按回采工作面中瓦斯(或二氧化碳)的浓度不超过1%的要求计算。

$$Q_{采}=100q_{采}K_{CH_4} \quad (m^3/min) \tag{2-3}$$

式中 $Q_{采}$——回采工作面实际需要的风量，m^3/min；

$q_{采}$——回采工作面回风巷风流中瓦斯(或二氧化碳)的平均绝对涌出量，m^3/min；

K_{CH_4}——采面瓦斯涌出不均衡通风系数(在正常生产条件下进行1个月的观测，采面日最大绝对瓦斯涌出量和月平均日瓦斯绝对涌出量的比值)，如无实测数据可参考：炮采工作面取1.4～2.0，综采工作面取1.2～1.6，生产矿井可根据各个工作面日常生产条件时，连续观测1个月，取日最大绝对瓦斯(二氧化碳)涌出量和月平均绝对瓦斯(二氧化碳)涌出量的比值，具体由总工程师和通风副矿长根据具体情况确定。

(2)按工作面温度计算风量。

采煤工作面应有良好的气候条件，其空气温度和风速相对应调整系数：温度<20℃时，风速为1 m/s，系数K温为1.0；温度20～23℃时，风速为1.0～1.5 m/s，系数K温为1.0～1.1；温度23～26℃时，风速为1.5～1.8 m/s，系数K温为1.1～1.25；温度26～28℃时，风速为1.8～2.5 m/s，系数K温为1.25～1.4；温度28～30℃时，风速为2.5～3.0 m/s，系数K温为1.4～1.6较适宜。

$$Q_{采}=60V_{采}S_{采} \quad (m^3/min) \tag{2-4}$$

式中：$V_{采}$——采煤工作面风速，m/s；

$S_{采}$——采煤工作面的平均断面积，可按最大和最小控顶断面积的平均值计算，m^2；

(3)按回采工作面同时作业的最多人数计算需要风量。

$$Q_{采}>4N \quad (m^3/min) \tag{2-5}$$

式中 N——采煤工作面同时作业的最多人数，人。

(4)按使用炸药量计算需要风量。

每千克炸药供风不小于25 m^3/min(硝酸铵炸药)

$$Q_{采}>25A \quad (m^3/min) \tag{2-6}$$

式中 A——一次爆破炸药最大用量，kg。

(5)按风速进行验算。

$$60\times0.25S\leqslant Q_{采}\leqslant60\times4S\quad(m^3/min)$$

式中　S——工作面的平均断面积，m^2

经上述瓦斯、气温、人数、同时爆破炸药量计算得出的采煤工作面实际需风量取其最大值。

采煤工作面有串联通风时，按其中一个最大需风量计算。备用工作面配风量亦满足瓦斯、二氧化碳、气温等的规定计算风量，且最小不得低于采煤工作面实际需要风量的50%。

3. 掘进工作面实际需要风量计算

掘进工作面实际需要风量，按瓦斯、二氧化碳涌出量和爆破后的有害气体产生量以及工作面气温、风速、人数和局部通风机的实际吸入风量等规定分别进行计算，然后取其中最大值。

(1)按瓦斯涌出量计算。

$$Q_{掘}=100q_{掘}K_{掘通}\quad(m^3/min)\tag{2-7}$$

式中　$Q_{掘}$——单个掘进工作面实际需风量，m^3/min；

$q_{掘}$——掘进工作面回风流中瓦斯绝对涌出量，m^3/min；

$K_{掘通}$——瓦斯涌出不均衡通风系数(在正常生产条件下进行1个月的观测，日最大绝对瓦斯涌出量和月平均日瓦斯绝对涌出量的比值)，一般可取1.5～2.0。

(2)按局部通风机的实际吸风量计算需要风量

岩巷掘进：
$$Q_{掘}=Q_{扇}+60\times0.15S\quad(m^3/min)\tag{2-8}$$

煤巷掘进：
$$Q_{掘}=Q_{扇}+60\times0.25S\quad(m^3/min)\tag{2-9}$$

式中：$Q_{扇}$——局部通风机实际吸风量，m^3/min。

安设局部通风机巷道中的风量，除了满足局部通风机的吸风量外，还应保证局部通风机吸风口至掘进工作面回风流之间巷道的风速，岩巷不小于0.15 m/s，煤巷半煤岩巷不小于0.25 m/s，以防止局部通风机吸入循环风和这段距离内巷道风流停滞，造成瓦斯积聚。

表2-5掘进工作面同时通风台数。或者是：

$$Q_{掘}=\sum qk\tag{2-10}$$

式中　q——掘进工作面同时运转的局部通风机额定风量之和。

k——防止局部通风机吸循环风的风量备用系数，一般取1.2～1.3。进风巷道中无瓦斯涌出时取1.2，有瓦斯涌出时取1.3。

表2-5　掘进工作面同时通风台数局部通风机吸风量参考表

局部通风机功率(kW)	吸风量(m^3/min)	局部通风机功率(kW)	吸风量(m^3/min)
11	200	5.5X2对旋	220
28	300	7.5X2对旋	250
11X2对旋	300	15X2对旋	350
22X2对旋	400	30X2对旋	500

备注：风量必须满足瓦斯、风速等各项要求且不少于本表数。

(3)按工作面同时作业的最多人数计算需要风量。

$$Q_{掘} > 4N \quad (m^3/min) \tag{2-11}$$

式中 N——掘进工作面同时作业的最多人数，人。

(4)按使用炸药量计算需要风量。

每千克炸药供风不小于 25 m^3/min(硝酸铵炸药)

$$Q_{掘} > 25A \quad (m^3/min) \tag{2-12}$$

式中 A——次爆破炸药最大用量，kg。

(5)按风速进行验算。

岩巷掘进最低风量 $Q_{掘} \geqslant 60 \times 0.15 S_{掘}$ (m^3/min) (2-13)

煤巷及半煤巷掘进最低风量 $Q_{掘} \geqslant 60 \times 0.25 S_{掘}$ (m^3/min) (2-14)

煤岩巷最高风量 $Q_{掘} \leqslant 60 \times 4.0\, S_{掘}$ (m^3/min) (2-15)

式中 $S_{掘}$——掘进工作面的断面积，m^2。

4. 井下各硐室实际需要风量计算

矿井井下不同硐室配风原则：

(1)井下爆破材料库配风必须保证每小时 4 次换气量；

(2)井下充电硐室应按其回风流中的氢气浓度小于 0.5%计算风量；

(3)机电硐室需要风量根据硐室内机电设备的降温要求进行配风；

(4)必须保证机电硐室温度不超过 30℃，其他硐室不超过 26℃；

(5)硐室内瓦斯等有害气体浓度不超过《煤矿安全规程》第 100 条的要求。

各个硐室的需要风量，应根据不同类型的硐室分别进行计算。

(1)机电设备发热量大的大泵房、固定压风机房，实际需要的风量 $Q_{机硐}$，可按机电运转的发热量计算。$Q_{机硐}$ 的单位为 m^3/min。

$$Q_{机硐} = 3600 \sum N\, \theta / (\rho C_p 60 \triangle t) \quad (m^3/min) \tag{2-16}$$

式中 $\sum N$——机电硐室中运转电机总功率，kW；

$\triangle t$——机电硐室回风与进风之间的温差，℃；

ρ——空气密度，取 $\rho = 1.2 kg/m^3$；

C_p——空气定压比热容，取 $C_p = 1.0006 kJ/kg \cdot K$；

θ——机电硐室的发热系数，压风机房可取 0.2～0.23，水泵房可取 0.02～0.04；采区变电所及变电硐室，可按经验值确定需风量。一般取 60～80 m^3/min。

(2)爆破材料库实际需风量，按每小时 4 次换气量计算。

即：

$$Q_{爆} = 4 \times S \times L / 60 \approx 0.07\, V \quad (m^3/min) \tag{2-17}$$

式中 V——包括联络巷在内的爆破材料库的空间总体积，m^3；

S——爆破材料库净断面积，m^2；

L——爆破材料库总长度，m；

或也可按下面经验数值：

大型爆破材料库 $Q_{爆}$ 为 100～150 m^3/min；中型爆破材料库(包括发放硐室)$Q_{爆}$ 为 60～120 m^3/min。

(3)其他机电硐室可按经验配风，一般有三种。

①充电硐室 $Q_{机硐}$ 为 100～250 m^3/min；

②井下绞车房：绞车直径 $D \leqslant 1.2$ m 时，配风量为 60～120 m^3/min；绞车直径 $D \geqslant$

1. 6 m时，配风量为 120～150 m^3/min；

③采区变电时，实际所需风量为 60～120 m^3/min。

5. 其他井巷实际需要风量计算

应根据瓦斯涌出量和风速分别计算，取其最大值。

(1)按瓦斯涌出量计算。

$$Q_{其i}=100\,q_{CH_4 i}K_{其通}\quad (m^3/min) \tag{2-18}$$

式中　$Q_{其i}$——第 i 个其他井巷实际用风量，m^3/min；

$q_{CH_4 i}$——第 i 个其他巷道的最大瓦斯绝对涌出量，m^3/min；

$K_{其通}$——瓦斯涌出不均衡系数，一般可取 1.2～1.3；

100——其他井巷中风流瓦斯浓度不超过 1％所换算的常数。

(2)按最低风速验算。

$$Q_{其i}\geqslant 9S_{其i} \tag{2-19}$$

式中　$S_{其i}$——第 i 个其他井巷净断面面积，m^2。

(3)采取局部通风机供风地点，应按其局部通风机的功率选配风量，并符合上述(1)、(2)所需风量。

三、矿井通风安全技术措施

根据设计矿井瓦斯涌出量、煤尘爆炸性、煤炭自然发火、矿井涌水等具体情况，依据实习矿井在防治灾害方面的经验、《煤矿安全规程》的有关规定，提出具体的、有针对性的矿井主要安全技术措施。

第四节　煤矿瓦斯灾害防治技术

煤矿发生瓦斯灾害事故有诸多方面的影响因素，但归结起来主要有自然条件、管理和技术三方面因素，要控制瓦斯灾害事故，必须从后两方面同时人手，强化管理和监督，提高防灾技术和装备水平。

一、概述

煤矿瓦斯是指从煤岩中释放出的气体的总称，主要成分是甲烷，其次为氮气和二氧化碳，还有烃类气体等。

瓦斯是一种无色、无味的气体。由于瓦斯的比重轻，容易聚集在巷道的上部。瓦斯的渗透性很强，封闭在采空区内的瓦斯能不断地渗透到矿内空气中，从而增加空气中的瓦斯浓度。空气中瓦斯浓度增加会相对降低空气中氧的含量。当瓦斯浓度达到 40％时，因缺乏氧气会使人窒息死亡。

瓦斯具有燃烧性与爆炸性。瓦斯与空气混合达到一定浓度后，遇火能燃烧或爆炸，对矿井威胁很大。井下瓦斯爆炸产生的高温、高压和大量有害气体，能形成破坏力很强的冲击波，不但伤害职工生命，而且会严重地摧毁矿井巷道和井下设备。有时，还可能引起煤尘爆炸和井下火灾，从而扩大灾害的危险程度。

矿井瓦斯在煤体及围岩中的存在状态有游离状态(也称自由状态)和吸附状态两种。

二、瓦斯含量及涌出量

1. 瓦斯含量及其影响因素

瓦斯含量是指单位体积或单位质量的煤体或围岩中所含有的瓦斯量，单位通常用 m^3/m^3、m^3/t 来表示。瓦斯含量是确定矿井瓦斯涌出量的基础数据，是矿井通风及瓦斯抽放设计的重要参数。

影响煤体瓦斯含量的因素很多，可概括为两类：一类是影响瓦斯生成量多少的因素，如成煤前含有机质的量，煤化程度；另一类是瓦斯的保存和放散条件，如煤的性质，煤层赋存状况，煤层顶、底板和覆盖层的性质、厚度等。

2. 矿井瓦斯涌出的形式

瓦斯涌出是指储存在煤体内的部分瓦斯离开煤体而涌入采掘空间。瓦斯涌出的形式分为普通涌出和特殊涌出两种。瓦斯由煤层或岩层表面非常微细的裂隙和孔隙中缓慢、均匀而持久地涌出称为普通涌出。瓦斯特殊涌出包括瓦斯喷出与突出，即在压力状态下，在很短的时间内自采掘工作面的局部地区突然涌出大量的瓦斯或伴随瓦斯突然涌出有大量的煤和岩石。

3. 矿井瓦斯涌出量的表示方法和主要影响因素

矿井瓦斯涌出量是指开采过程中正常涌入采掘空间的瓦斯数量，通常用单位时间或单位质量的煤所放出的瓦斯数量来表示。瓦斯涌出量分为绝对涌出量和相对涌出量两种。影响瓦斯涌出量的主要因素有煤层瓦斯含量、开采规模、开采顺序与回采方法、生产工序、地面大气压力的变化、通风方式、采空区管理方法等。

4. 矿井瓦斯涌出量的测定

井下测定瓦斯浓度是管理瓦斯的主要环节。测定地点包括掘进工作面、采煤工作面及其附近、其他巷道和硐室。按照矿井相对瓦斯涌出量、绝对瓦斯涌出量和瓦斯涌出形式，将瓦斯矿井划分为低瓦斯矿井、高瓦斯矿井、煤(岩)与瓦斯突出矿井。每年必须对矿井进行瓦斯等级和二氧化碳的鉴定工作。

5. 矿井瓦斯涌出量的预测

新矿井、新水平和新采区投产前都应该进行矿井瓦斯涌出量预测。现有的矿井瓦斯涌出量预测方法可以概括为两大类：一是矿山统计预测法，二是根据煤层瓦斯含量进行预测的分源预测法。

三、预防瓦斯爆炸的措施

瓦斯燃烧与爆炸必须具备三个条件：一定浓度的瓦斯、一定温度的引火源和足够的氧。防止瓦斯爆炸的技术措施很多，可以分为三个方面：防止瓦斯积聚、防止瓦斯被引燃和防止瓦斯事故的扩大。根本措施是前两个。

防止瓦斯积聚的根本措施是加强通风，包括矿井必须根据规定配足风量，采用机械通风，实行分区通风，工作面采用独立通风，采空区必须及时封闭，瓦斯矿井的掘进工作面禁止使用扩散通风等措施。防止瓦斯积聚的其他措施包括及时处理局部积存瓦斯，抽放瓦斯，加强检查等。防止瓦斯被引燃是指防止明火、放炮和电火花、摩擦火花、冲击火花等引火源使瓦斯燃烧爆炸。

四、预防瓦斯喷出和突出的措施

1. 预防瓦斯喷出的措施

预防处理瓦斯喷出的措施，应根据瓦斯喷出量的大小和瓦斯压力的高低来制定，一般采取“探、排、引、堵”等措施。

(1)“探”就是探明地质构造和瓦斯情况。

(2)“排”就是排放和抽放瓦斯。如探明断层、裂隙、溶洞不大或瓦斯量不多时，则可让它自然排放；如溶洞体积大、范围广、瓦斯量大、喷出强度大、持续时间长，则可插管进行抽放。

(3)“引”就是引导瓦斯到回风巷。

(4)“堵”就是堵塞裂隙。可用黄泥或水泥堵住裂隙，防止瓦斯喷出。

对于有瓦斯喷出的工作面要有独立的通风系统并加大供风量。

2. 预防瓦斯突出的措施

预防煤和瓦斯突出的措施分为区域性措施和局部性措施。开采解放层是最经济、最有效的区域性措施。首先开采的非突出层称为解放层，后开采的突出层称为被解放层。局部性措施是指突出危险煤层采掘时采用的影响范围较小的预防措施。主要方法是排出瓦斯，增大卸压范围；加固煤体，增强煤体抵抗能力；人为诱使煤和瓦斯突出，减少突出损失。

五、矿井瓦斯抽放

矿井瓦斯抽放是在矿井中利用专门的巷道系统将瓦斯排至地面或井下回风巷道的安全地点，从而达到减少矿井瓦斯涌出量，实现安全生产的目的。一般是在靠通风方法难以解决瓦斯问题时，采取此措施。

抽放瓦斯的方法，按瓦斯的来源分为开采煤层的抽放、邻近层抽放和采空区抽放三类；按抽放的机理分为未卸压抽放和卸压抽放两类；按汇集瓦斯的方法分钻孔抽放、巷道抽放和巷道与钻孔综合抽放三类。

提高抽放效果的措施包括如下几种：

(1)增大孔径和长度。

(2)使用下向钻孔抽放。它可以提前抽放深水平的瓦斯，且不受生产中各工序的影响。

(3)井上下水力压裂。水力压裂是从地面或井下向煤层打钻孔，并以压力大于煤层静水压力的液体压裂煤层，增大透气性，提高抽出率。

(4)煤层水力破裂。水力破裂是在井下巷道向煤层打钻，泵入高压水来破裂煤体。

(5)煤层水力割缝。

(6)综合抽放措施。

六、防治煤矿瓦斯灾害的管理措施

(1)每年在安排生产计划前必须进行矿井通风能力的核定工作，保证矿井不超通风能力生产。

(2)矿井必须有完整、独立、合理、可靠的通风系统。严禁串联通风和扩散通风，各用风地点风速必须满足《煤矿安全规程》的相关规定。

(3)矿井总回风巷、一翼回风巷中瓦斯或二氧化碳浓度超过0.75%时，必须立即查明原因，进行处理。

(4)采区回风巷、采掘工作面回风巷风流中瓦斯浓度超过1.0%或二氧化碳浓度超过1.5%时，必须停止工作，撤出人员，并采取措施，进行处理。

(5)采掘工作面及其他作业地点风流中瓦斯浓度达到1.0%时，必须停止作业，撤出人员，切断电源，设置栅栏，揭示警标，并进行处理；爆破地点附近20 m以内风流中瓦斯浓度达到1.0%时，严禁爆破。

(6)采掘工作面及其他巷道内，体积大于0.5 m^3的空间内积聚的瓦斯浓度达到2.0%时，附近20 m内必须停止工作，撤出人员，切断电源，并进行处理。

(7)采掘工作面及其他作业地点风流中、电动机或其开关安设地点附近20 m以内风流中瓦斯浓度达到1.5%时，必须停止工作，切断电源，撤出人员，并进行处理。

(8)对因瓦斯浓度超过规定被切断电源的电气设备，必须在瓦斯浓度降到1.0%以下时方可通电开动。

(9)采掘工作面风流中二氧化碳浓度达到1.5%时，必须停止工作，撤出人员，查明原因，制定措施，并进行处理。

(10)井下放炮必须执行“一炮三检”，即装药前、放炮前和放炮后，瓦斯员检查放炮地点及其前后20 m范围内的瓦斯情况，当瓦斯浓度达到或超过1%时，不得装药放炮，每次检查结果必须填写在瓦斯日报、牌板、记录手册上。

(11)井下放炮都必须严格执行“三人连锁放炮制度”，由放炮员、瓦斯员和班组长三人连锁，换牌管理，任何一人不在，不得放炮。如果瓦斯超限、顶板等存在隐患，必须立即停止发炮，并进行处理。放炮后，由三人对放炮地点进行检查，确定无误后人员开始工作。

(12)矿井必须从采掘生产管理上采取措施，防止瓦斯积聚；当发生瓦斯积聚时，必须及时处理。

(13)矿井必须有因停电和检修主要通风机停止运转或通风系统遭到破坏以后恢复通风、排放瓦斯和送电的安全措施。恢复正常通风后，所有受到停风影响的地点，都必须经过通风、瓦斯检查人员检查，当瓦斯和其他有毒有害气体不超限时，方可恢复工作。所有安装电动机及其开关的地点附近20 m的巷道内，都必须检查瓦斯，只有瓦斯浓度符合《煤矿安全规程》第一百二十九条的规定时方可开启。

(14)临时停工的地点不得停风；否则必须切断电源，设置栅栏，警示警标，禁止人员进入，并向调度室汇报。停工区内瓦斯或二氧化碳浓度达到3.0%或其他有害气体浓度超过《煤矿安全规程》第一百条的规定不能立即处理时，必须在24小时内封闭完毕。

(15)恢复已封闭的停工区或采掘工作接近原封闭区时，必须事先排放其中积聚的瓦斯。

排放瓦斯工作必须制定安全技术措施，严禁在停风或瓦斯超限的区域内作业。

(16)瓦斯检查员必须经过有资质部门培训，考试合格，取得特殊工种安全资格证后方可担任矿井瓦斯检查工作。

(17)要确保矿井通风系统良好，采掘工作面通风系统稳定，风量符合作业规程的规定。

(18)严格矿井瓦斯管理和检查制度，必须按《煤矿安全规程》要求配齐瓦斯检查人员，瓦斯检查员要有高度的责任心和岗位安全意识，严禁瓦斯检查员出现假检、漏检、空班。坚持执行井下各地点、时间、路线的瓦斯巡回检查制度和请示汇报制度，不同时期制定相应的管理制度，加强矿井瓦斯检测工作，杜绝瓦斯事故。

(19)建立瓦斯监测系统，装备瓦斯自动检测报警断电装置，实现地面中心站计算机监控，并加强管理，充分发挥其效能和作用，同时配备专职瓦斯检查工用光学瓦斯检定器检查瓦斯浓度，从而实现自动检测与人工检测“双监控”。

(20)建立瓦斯检查牌板，做好瓦斯检查“三对口”工作。

(21) 严格风筒管理，必须使用抗阻燃、防静电的风筒。发现有破口的地方及时修补或更换，风筒吊挂要平直，逢环必挂，风筒接头严密，软质风筒接头要双反压边，风筒拐弯处应设弯头或缓慢拐弯，不得拐死弯，异径风筒连接应使用过渡节，先大后小，不准花接，风筒口到掘进工作面的距离，应在作业规程中明确规定。

(22)煤巷、半煤岩巷、有瓦斯涌出的岩巷掘进工作面，未封闭或未形成全风压通风的综采尾留巷道，必须安装两套同等能力的局部通风机。一套工作、一套备用，并能自动切换，且必须做到“三专两闭锁”(专用变压器、专用开关、专用电缆，风电闭锁、瓦斯电闭锁)。每10天至少进行1次风电闭锁及双局部通风机自动切换试验。试验期间不得影响局部通风，试验记录要存档备查，由使用单位负责试验。

(23)局部通风机因检修、停电等原因需要停风时，必须立即切断电源，撤出人员，设置栅栏。由指定人员启动局部通风机前，应先检查瓦斯、二氧化碳浓度，只有在停风区中最高瓦斯浓度不超过1%和二氧化碳浓度不超过0.5%时，且局部通风机及其开关附近10 m以内风流中的瓦斯浓度不超过0.5%时，方可人工开启局部通风机。如果瓦斯和二氧化碳浓度超过规定，必须严格执行排放瓦斯制度。

(24)严禁使用3台以上(含3台)的局部通风机同时向1个掘进工作面供风，也不得使用1台局部通风机同时向两个作业的掘进工作面供风。

(25)矿井每10天对全矿井各个用风地点进行风量测定，每次测三遍，取平均值，每次测风结束后，由测风员整理数据形成报表，上报通风队长、矿总工程师审阅。

(26)施工单位的值班人员每班审阅通风、瓦斯日报每天报筹建处相关部门。总工程师、筹建处主任审批，发现瓦斯有升高趋势，提前采取防范措施。

(27)掘进巷道贯通时，必须制定专门的措施，贯通两头的瓦斯浓度必须在措施规定的范围内，贯通后，立即调整通风系统，并检查风速和瓦斯浓度，符合《煤矿安全规程》有关规定后，方可恢复作业。

(28)矿井每年应进行1次反风演习，在发生瓦斯灾害时根据灾区影响情况及时反风，以减少矿井瓦斯灾害影响范围，为灾变时人员安全撤离提供尽可能多的时间，同时减少灾害损失。

(29)加强局部通风机管理，掘进工作面做到有计划停风，并严格审批制度，严禁随意停开风机，对临时停风的掘进工作面要立即断电、撤人，并由所在队组现场负责人安排人员设好警戒，长期停风的工作面必须在 24 小时内进行封闭，并施工栅栏，揭示警标，设置瓦检板。

(30)按规定做好掘进工作面的瓦斯涌出量的测定工作，并根据测定结果，采取相应的应对措施，以确保掘进工作安全进行。

(31)掘进工作面按《煤矿安全规程》规定及时安设瓦斯传感器，加强瓦斯传感器的日常维护、定期校检和断电实验工作，确保传输数据准确、及时，真正发挥报警、断电、监控功能。

(32)掘进工作面和通风系统检查配备瓦检员跟班检查，对采掘工作面机器回风流每班至少检查两次，对机电硐室、使用中的机电设备的设置地点，有人员作业的地点都应纳入检查范围。每班向调度室汇报两次，发现问题及时汇报。

(33)掘进工作遇到地质结构复杂的地段时，施工队必须及时与通检科进行联系，通检科安排好人员进行瓦斯检测工作，特殊时期设专职瓦检员现场进行监护。

(34)测定瓦斯浓度应在巷道风流的上部，测定二氧化碳浓度应在巷道风流的下部。巷道风流划定为：有支架的巷道，距支架和巷底各为 50 mm 的巷道空间内的风流；无支架或用锚喷、锚杆、锚索、砌碹支护的巷道，距巷道顶、帮、底各为200 mm的巷道空间内的风流。

(35)绝对不准任何人员携带烟草和点火物品入井，严禁明火明电照明，严禁穿化纤衣服，井口房、抽风机房附近 20 m 内禁止烟火，井下禁止生火和用灯炮、电炉取暖，井下和井口房在特殊情况下需电气焊和喷灯焊接，必须报批采取专门措施，并严格执行措施。

(36)井下供电要做到“三无”、“四有”、“两齐”、“三全”、“三坚持”的原则。

(37) 加强电气设备管理，杜绝电气火源。严格执行设备定期查验、检测、维护、保养和检修制度，保证设备完好；杜绝电气设备失爆，严禁使用国家明令淘汰的机电设备。井下撤迁、检修机电设备时要停电，不准带电作业。

第五节　煤矿水害防治技术

煤矿水害防治重点应抓好如下几项工作。

1. 高度重视煤矿防治水工作

煤矿企业应将防治水害工作列为安全生产的重要日程，针对辖区内水害状况，制定完善的水害防治措施。煤矿企业、矿井主要负责人是防治水的第一责任人，总工程师具体负责防治水技术管理工作。煤矿应按规定成立防治水机构、配备防治水专业技术人员。

2. 认真开展水害隐患普查和治理工作

煤矿企业应当对所属矿井进行矿井水文地质类型划分，建立健全矿井必备的防治水图纸，采用物探、钻探、化探等方法查明矿井充水条件，将矿井地面积水、河流、采空区积水范围等标注在图纸上。

3. 严格落实井下探放水规定

各煤矿企业必须坚持预测预报、有疑必探、先探后掘、先治后采的工作原则，采用物探、钻探等方法查明水文地质条件，提出水文地质分析报告和防治水措施；坚持每项探放水工作由专业技术人员作专项设计、由探放水专职队伍使用探放水专用钻机实施探放水，严禁用煤电钻等非探水钻机进行探放水。水文地质条件复杂、极复杂矿井在地面无法查明矿井水文地质条件和充水因素时，井下要坚持有掘必探的原则，用钻探方法配合其他技术方法查明水害情况并进行彻底治理。

4. 及时治理井田隐患

煤矿企业要查明井田内废弃井筒和采空区的位置并准确标注在采掘工程平面图上，在探查清楚废弃井筒和采空区的积水范围、积水量的基础上，进行彻底治理。井下采掘工程接近废弃井筒和采空区时，必须按规定留设防隔水煤柱；不具备留设防隔水煤柱时，要预先进行探放水，排除水害隐患。

5. 强化雨季“三防”工作

煤矿企业要成立领导机构，明确责任，落实人员、资金和物资，制定应急预案，并进行演练。雨季前要开展隐患排查治理，落实防范洪水淹井措施。雨季期间要实行 24 小时巡视检查，一旦发现险情，必须在第一时间立即撤出井下所有作业人员。对于受地表洪水影响严重的矿井，在暴雨期间一律不得安排井下作业，暴雨后隐患没有排除的，不得立即安排下井作业，防范因暴雨洪水引发煤矿事故灾难。

6. 完善矿井排水系统与装备

煤矿企业要在查明矿井水文地质条件的基础上，正确合理地预计矿井涌水量，建立与涌水量相匹配的水泵、管路、配电设备和水仓，确保排水系统正常运行。水文地质条件复杂、极复杂矿井在井底车场设置防水闸门或者在正常排水系统基础上安装配备排水能力不少于最大涌水量的潜水电泵排水系统。

7. 加强水害防治工作的监管监察

各级煤矿安全监管监察部门要加强对煤矿防治水工作的监管监察，督促煤矿企业认真落实各项防治水措施，并将复杂、极复杂矿井作为重点监管监察对象，对防治水措施不落实、不执行探放水制度等不具备安全生产条件的煤矿，一律责令其停产整顿，严禁组织生产。负责培训的部门要督促煤矿企业加大对探放水工的培训力度，加强对职工防治水知识的培训，让职工掌握透水征兆的相关知识，一旦发现有透水征兆，立即撤人。对发生的水害事故，煤矿安全监察机构要按照“四不放过”和“科学严谨、依法依规、实事求是、注重实效”的原则，认真查明事故原因，开展事故警示教育，吸取事故教训，提出针对性防范措施。

第六节　煤矿火灾防治技术

我国 56％的矿井开采的是易自燃煤层，矿井火灾是一大突出灾害。百万吨发火率近年虽有所下降，但仍高居不下，与世界几个主要产煤国家相比，差距还很大。尤其是近几年，重大火灾事故时有发生，给煤炭企业带来难以估量的负面影响，特别有损煤炭行业的社会形象，也严重制约着煤炭企业的经济效益。因此，火灾防治工作依然是煤炭企业领导的一项常抓不懈、重要而艰巨的任务。

一、矿井火灾分类

(一) 外因火灾

外因火灾是指由外来热源，如放炮、瓦斯煤尘爆炸、机电设备不良、机械磨擦、电流短路、焊接火花等原因造成的火灾，同时也包括内因火灾处理不当而诱发的外因火灾。矿井外因火灾具有突发和严重的灾难性。例如，福建省陆家地煤矿曾经发生一起明火火灾，由于无法进行反风造成了死亡 28 人的严重性事故。由于外因火灾的主要可燃物有木材、胶带、电缆、油料等，故对井下可燃材料燃烧特性的认识，对我们分析火源、控制火情、减少损失有着积极的作用。许多专家和学者做了大量的燃烧实验，测试得到了各种材料的基本燃烧性质及火灾过程中各种因素的相互影响等宝贵的数据，丰富了人们对矿井火灾燃烧特性的认识。

(二)内因(自燃)火灾

自燃火灾是指煤炭自身的吸氧、氧化、发热、热量逐渐积聚达到着火温度而形成火灾。纵观我省煤矿有不少矿井的煤层有自燃倾向性，如苏邦煤矿今年年初发生自燃火灾及一些小煤窑的自燃火灾屡有发生等现象都说明了这点。煤炭并不是一暴露于空气中就自燃着火的，一般需要经过潜伏期、自热期和自燃期三个阶段。

1. 低温氧化阶段

特征：煤的重量略有增加，增加的重量等于吸附氧的重量，煤的化学性质变得活泼，煤的着火温度降低。

2. 自热阶段

特征：煤温升高；流经火源后的空气氧含量减少；空气湿度增大，形成雾气，在支架及巷道壁上凝有水珠；空气中 CO、CO_2 含量显著增加。

3. 自燃阶段

产生大量的 C 和碳氢化合物；空气和煤岩温度显著升高；火源出现火焰；巷道中出现烟雾及特殊的火灾气味。

二、矿井火灾预测预报技术

煤的自燃倾向性鉴定技术在 80 年代中期前，应用的是照搬苏联的煤着火温度降低值法。尽管发现它存在着不少缺点，但由于缺乏自己的技术和手段，仍然难以割舍，沿用了几十年。进入 80 年代中期，随着新技术的发展，我国才开始开发研制以现代色谱为基础的新一代煤的自燃倾向性鉴定技术和手段。现已开发出被纳入法规的色谱吸氧鉴定法及其配套仪器 ZPJ－1 型煤的自燃性测定仪，业已投入实际应用，使我国在这方面的技术和手段步入国际先进行列。色谱吸氧鉴定法，就是应用现代气相色谱技术与手段，检测煤低温下吸氧的能力（氧量、速度），作为判别煤的自燃倾向性程度。它的特点是使用了现代色谱技术，测定和计算都由色谱仪及其附件完成，人员不接触有害物质，且无害健康。

三、矿井火灾防治技术

我国煤矿火灾防治技术措施，总体上说，有如下几类：

1. 均压防灭火技术

均压防灭火技术一般对工作面及掘进面初期发现的高温预兆点有较好的效果。它是采用通风的方法减少自燃危险区域漏风通道两端的压差，使漏风量趋于零，从而断绝供氧源，起到防灭火作用。

2. 阻化剂防灭火技术

煤炭自然发火是由于煤与空气中的氧气相互作用的结果，在漏风不可避免的情况下，在煤的表面喷洒上一层隔氧膜，阻止或延缓煤的氧化进程。阻化剂主要是卤化物与水溶液能浸入到煤体的裂隙中，并盖在煤的外部表面，把煤的外部表面封闭，隔绝氧气。同时，卤化物是一种吸水能力很强的物质，它能吸收大量水份复盖在煤的表面，也减少了氧与煤接触的机会，延长煤的自然发火期。

3. 阻化汽雾防灭火技术

汽雾阻化防灭火实质就是将受到一定压力的阻化溶液通过雾化转化成为阻化剂汽雾。汽雾发生器喷射出的微小雾粒可以以漏风风流为载体飘移到采空区内，从而提高采空区防火效果。

4. 超大量灌注无机固化粉煤灰防灭火技术

目前防灭火充填材料主要有：黄泥浆、水砂浆、煤矸石泥浆、粉煤灰、石膏、水玻璃凝胶、废水泥渣等。但都存在成本高、脱水以后体积减少多、不能固化或固化以后支撑强度低等缺点。因此，根据目前的研究与现场应用现状，以粉煤灰为主料，研究出经济成本低，堆积能力强，固化后不脱水或少脱水，初凝时间和固化时间可调，具有堵漏、防火、灭火、防复燃、充填支撑强等功能的无机固化粉煤灰防灭火充填材料，并研究了利用黄泥灌浆系统灌注无机固化粉煤灰的配套装置及其灌浆工艺来防治巷道高冒、空洞、沿空巷道帮、溜煤眼、联络巷、停采线、采空区等地点的煤炭自然发火。

5. 化学惰气泡沫防灭火技术

化学惰气泡沫防灭火材料由多种原料组成，其原料均为固体粉态，经过分别溶解后形成2种溶液。在井下灭火时，可采用钻孔压注方法，将溶液注入自然发火区域。当2种溶液混合后，便会发生化学反应，产生惰性泡沫，其体积可膨胀8～12倍。惰气泡沫可迅速向周围空间、漏风通道及煤壁裂隙扩展，充填火区空间，窒息火区，而且惰泡具有较好的稳定性，可以起到隔绝空气的作用。此外，化学惰泡的落液，还具有较高的阻化能力，可以有效地抑制残煤的复燃，达到防火的目的。

6. 惰性气体防灭火技术

惰性气体惰化技术，虽然很多煤矿都可以应用，但在我国则规定，放顶煤开采的煤矿必须使用以它为主的综合措施(除惰气外还辅以其他措施)来防治煤自燃火灾，目的是要在较大的程度上保证采煤安全。

7. 堵漏技术防灭火

煤层开采时期火灾防治的第二个重要环节是堵漏，也就是采取某种技术措施减少或杜绝向煤柱或采空区的漏风，使煤缺氧而不会自燃。堵漏技术和材料在我国近年的发展也很迅速，相继研究和开发出适于巷顶高冒堵漏的抗压水泥泡沫、凝胶堵漏技术和材料，适于巷帮堵漏的水泥浆、高水速凝材料和凝胶堵漏技术与材料，以及适于采空区堵漏的均压、惰泡、凝胶和尾矿泥堵漏等技术成果。

8. 液氮防灭火技术

液氮防灭火就是从地面或井下向已封闭的火区灌注氮气，加速火区的熄灭。自60年代后期国外主要产煤国家将液氮技术用于井下防灭火以来，经不断开发完善，现已成为各国煤矿井下处理大型火灾的一种重要措施。近年，英国、法国、德国地面移动式制氮设备的产氮量达1200 m^3/h，产氮量在5000 m^3/h的设备在研发中。德国从1974年11月至1986年8月共应用氮气灭火80次，消耗氮气达30亿 m^3，抢救出综采设备65套。80年代初，我国一些煤层易自燃的煤矿开始采用注氮防灭火技术，取得了一定的效果，经“八·五”攻关研制了能力为200 m^3/h 的井下移动式制氮装置。特别是近些年来，我国的放顶煤开展迅速，此法采空区丢煤多，造成遗煤大面积的危险性堆积，极易引起煤炭自燃，且这些火点往往在顶板高冒处或采空区深部，这时采用注氮灭火效果最为显著。

9. 胶体防灭火技术

目前常规的灌浆、均压、阻化剂、氮气防灭火技术在抑制煤层自燃火灾中起到了很大作用，但也存在一些局限性。针对煤层自燃特点，近几年由西安科技大学研制的耐温高水胶体防灭火技术集堵漏、降温、阻化、固结水等性能于一体，较好地解决了灌浆、注水的水泄漏流失问题，已成功地扑灭了几十起煤层自燃火灾。

第七节　煤矿粉尘防治技术

煤矿粉尘影响矿井安全生产，威胁职工身体健康，是煤矿五大灾害之一。近几年煤炭产量发展迅速，机械化水平大幅度提高，煤矿井下在掘进、采煤、运输等环节中都会产生大量的粉尘，严重威胁矿井的安全生产和职工的身体健康。有效控制粉尘，降低粉尘浓度，改善工作环境，杜绝煤尘事故，是煤矿安全生产的一个重要环节，抓好矿井综合防尘工作，对促进矿井安全生产，保障职工身体健康具有重大意义。

一、煤矿粉尘的危害

煤矿粉尘是指在煤矿开拓、掘进、回采和提升运输等生产过程中产生，并能长时间悬浮于空气中的岩石和煤炭的细微颗粒，也简称为矿尘。煤矿粉尘的危害性主要有如下四个方面：

1. 煤尘的自燃性和爆炸性

煤尘爆炸危险普遍存在，危害严重。中国煤矿爆炸危险普遍存在，2007年全国重点煤矿有548处矿井煤尘有爆炸危险，占87.4%。

2. 严重的职业危害

据统计，目前仅煤炭行业尘肺病人数已超过20万，接近我国各行业肺患病人数的一半，而且每年还在增长，每年因尘肺病死亡2500～3000人。

3. 降低工作场所的能见度

在井下某些工作面煤尘浓度高，其能见度极低，往往导致错误操作，增加工伤事故的发生。

4. 加速机械磨损

矿尘对机械设备的影响表现在加速机械的磨损，缩短精密仪器的寿命等。控制煤矿尘害已成为煤炭行业头等重要的事情，而要控制尘害，最有效的措施就是大幅降低作业场所空气中的粉尘浓度。

二、煤矿粉尘防治技术

1. 回采工作面进行煤层注水

煤层注水是通过钻孔将高压水注入煤体，使煤体预先湿润，将原生煤尘润湿，使其失去飞扬的能力，且水能有效地包裹煤体的每个细小部分，当煤体在开采中破碎时，有水存在就可避免细粒煤尘的飞扬。这种降尘措施效果较好，一般可降低粉尘浓度60%～90%左右。

2. 喷雾洒水降尘

喷雾洒水是通过喷雾器或洒水器来实现的，水通过喷雾器时，由于旋转和冲击作用，喷射于空气中而形成雾状水珠。这种雾状水珠与悬浮在空气中的尘粒相遇后尘粒被湿润，一部分直接落下来，一部分随着风流飘移，尘粒之间互相碰撞，粘结成较大尘粒时再落下来。喷雾洒水是降低矿内空气尘量的最简单、容易和极有效的措施之一，它不仅可用于采掘工作面防尘，而且也易于用在其他作业过程中，如运输、转载、净化风流等。在采掘工作面放炮时喷雾，还能达到消除炮烟，使通风时间缩短的效果。目前，对采煤机割煤时采用的喷雾除尘技术主要有以下几个方面：①采煤机滚筒摇臂径向雾屏及液压支架探梁辅助喷雾降尘；②采煤机内外喷雾降尘；③采煤机高压喷雾负压二次降尘。

3. 建立合理的通风除尘系统

矿井通风是在机械或自然动力的作用下，将地面新鲜空气连续地供给作业点，稀释并排除有毒有害气体和粉尘，调节矿内气候条件，创造安全舒适的工作环境。矿井通风除尘以流体力学和热力学为理论依据，应用动量、质量、热量传递原理，研究风流运动与污染物运移和沉降的规律以及各项安全卫生工程技术措施。决定通风除尘效果的主要因素有风速、风流方向及矿尘密度、粒度、形状、湿润程度等。风速过低，粗粒矿尘将与空气分离下沉，不易排出而滞留在采掘空间，增加煤尘的浓度；风速过高，虽然能够将煤尘带走，但又使采掘空间的落尘重新吹起，反而会增加煤尘浓度。一般而言，掘进工作面的最优排尘风速为0.4～0.7 m/s，机械化采煤工作面的风速为1.5～2.5 m/s。《煤矿安全规程》中规定：回采工作面、掘进煤巷最高允许风速为4 m/s。这不仅考虑了工作面通风的要求，同时也考虑到煤尘的二次飞扬问题。

4. 健全严格的检查管理制度，对职工进行防尘知识培训

要做好防尘、劳动保护工作，必须建立健全严格的检查管理制度和专门的组织机构。首先是对已建立的通风除尘系统、通风设备加强维修和管理，以保证取得良好的通风效果。定期测定产尘点空间的空气中的含尘浓度，看其是否符合《工业卫生标准》。其次是对接触尘毒的人员定期检查身体，做到早发现病患，及时治疗，并及早调离接触尘毒作业的工作岗位。

5. 个体防护

个体防护是指通过佩戴各种防护面具以减少粉尘被吸入体内的措施。目前，个体防护用具有自吸式防尘口罩、过滤式送风防尘口罩、气流安全帽等，其目的是使佩戴者能呼吸净化过的清洁空气而不影响正常工作。个体防护措施的阻尘效率高，是解决矿山粉尘危害矿工身体健康的重要技术措施之一。

第八节 煤矿地质灾害防治技术

一、煤矿主要地质灾害

煤矿由于开采诱发的地质灾害主要有：洞井塌方、冒顶、偏帮、鼓底、岩爆、高温、突水、滑坡、泥石流、瓦斯爆炸、煤层自燃等。

二、煤矿地质灾害防治技术

1. 广泛开展灾害防治宣传教育

煤矿企业应开展各种形式煤矿地质灾害防治知识的宣传教育活动，增强矿工的安全意识，使他们详细了解煤矿地质灾害灾情和掌握各项防灾减灾方法，积极主动地开展地质灾害防治工作。

2. 严格执行《煤矿安全规程》

严格按照《煤矿安全规程》的规定和煤矿开采设计规范进行开采，不乱挖滥采、越界开采。

3. 合理开采煤矿资源，保护环境

遵循《环境保护法》、《矿产资源法》合理开发利用和保护地质环境的准则，加强地质灾害防治管理工作，提高矿工的环境意识，避免或减少煤矿地质灾害事件发生。

4. 建立完善的通风系统，减少矿井瓦斯爆炸

无论国有、集体煤矿，都应严格遵守《煤矿安全规程》的规定，配足风量和实行机械通风、分区通风、上行通风，建立瓦斯检查制度，及时处理超限和积存瓦斯矿井；禁止携带香烟及点火工具下井，瓦斯矿井应选矿用安全型、矿用纺爆型或矿用安全火花型电器设备，放炮前后应进行瓦斯检测。

第九节 煤矿设备事故防治技术

一、煤矿常见设备事故

煤矿常见设备事故有机电设备事故、采掘设备事故、运输设备事故、矿井提升设备事故等。

二、煤矿发生设备事故的原因

1. 机电操作人员素质参差不齐、安全意识淡薄

据统计，在10起机电设备事故当事人中，小学文化程度的占40%，初中文化程度的占40%。机电操作人员文化基础差、安全意识淡薄，在操作过程中达不到安全操作规程的要求。特种作业人员掌握特种作业技术不娴熟，再加上特种作业人员频繁调整岗位，也给安全埋下隐患。违章指挥、违章操作时有发生。

2. 安全投入不足，设备陈旧老化

由于历史原因，很多煤矿生产设备自90年代至今已基本上无大的新投入，设备陈旧，大量超过服务年限的设备仍在超期使用，达不到《煤矿安全规程》标准要求，带病运行，只靠修修补补和加强运行状况的监督来维持，必然会造成设备事故频发。

3. 设备预防性维修、保养不到位

机电设备长时间运行和设备运行中职工操作的失误都会引起设备的损坏，这就要求对设备检修必须做到认真、细致、全面。现在的维修人员力量不足，再加上维修人员整体素质较差、设备陈旧、维修工作量大等，所以对设备的检查维修只能是哪里坏修哪里，年检月检工作很难进行下去。存在“只要设备在自己负责的八小时不出问题”的消极意识。班班得过且过，对设备运行中的异常振动、声音、气味等不进行认真观察，进行简单处理后设备带病运转，导致一些小毛病演变成大问题，或者更换一个螺母就能解决的问题到最后不得不更换一台电机，因此造成机电设备事故时有发生。据统计，发生的机电设备事故约有75%～80%是由于操作不规范、检修不到位造成的。

4. 煤矿设备未按国家规定进行检测检验

煤矿设备的检测检验是确保设备处于良好的重要环节，国家虽然出台了一些安全检测检验标准，但部分煤矿企业由于设备管理人员思想还停留在以前的观念上，认为机电设备以前也没有进行检测检验，一样地在生产，对设备检测检验工作不够重视。没有通过有资质的中介机构用先进的科学仪器对机电设备进行检测检验，而只靠企业设备管理人员及维修人员用眼睛去判断设备上的问题，也只能治标不治本。

三、煤矿设备事故的防治技术

1. 加强安全教育和培训工作

煤矿安全是一个系统工程，无论是管理者还是操作者都必须具有高度的安全意识和责任感，方能确保煤矿安全生产。因此，必须抓好安全教育培训工作。

(1)加强职工的安全技术培训。减人提效后，以岗定人，需根据新的形式采取新的对策。

①建立竞争机制。例如对技术工种和管理人员采取竞争上岗，对所有职工都采用岗位技能工资，激发职工自觉学习安全技术知识；

②各类设备操作人员上岗前要经过技术培训，考试(包括现场操作)合格，颁发合格证，人人持证上岗，按章操作，严禁无证上岗。要做到“三懂”、“四会”，即懂设备原理、设备构

造、设备性能；会使用、会维修保养、会检查、会排除故障。

③每隔一定时期组织职工进行技术比武，对优胜者给予重奖，以调动职工学技术、学业务的积极性，提高他们的专业技术素质，促使他们在岗位上"干标准活、上标准岗"，按照《煤矿安全规程》进行作业。

④采用"三结合"的培训方式，即业余培训与脱产培训相结合，以业余培训为主；全员培训与重点培训相结合，以重点培训为主；内部培训与外部培训相结合，以内部培训为主。对新工人、新岗位、新技术要进行强化培训。

(2)加强特殊工种的用工制度管理。煤矿机运工种的技术性较强，要由思想端正、技术全面的工人来担任，尽量少用或不用临时工。除特殊情况外，特殊工种人员不能随意调换，要严格考核发证，定期对特殊工种人员进行培训，做到人人持证上岗。

(3)通过各种途径加强引导教育职工，明确事故发生后的危害性，消除安全侥幸心理，增强安全意识。可从以下几方面进行：

①建立典型事故案例教育展室，定期对职工开放，用生动的案例形象教育职工；

②用典型说教的方式，教育职工认清"三违"的危害，强化职工安全防范意识；

③了解掌握职工的思想动态和生理状态，因地制宜，因人而异加以监护，防止因不安全心理因素造成的突发事故。

2. 加强设备的日常维修保养，确保设备的正常运转

(1)科学检修。机电设备维修人员要树立强烈的事业心、责任感，改变以往设备哪里坏修哪里的旧传统，井上下设备到达修理车间后，从螺丝、轴承查起，对设备全面检修，消除设备隐患，做到眼勤、嘴勤、手勤，发现问题，及时处理。

(2)建立完善设备维修台帐。制定(包括设备的出厂日期、使用年限、检修部位、检修时间等内容)的设备台帐，掌握设备的使用周期。

(3)对损坏的设备，实行责任追查。发生设备事故后，及时组织事故分析，查明原因，追究事故责任者。

(4)实施包机责任制。将设备管理落实到人，交接班检查后双方做好设备登记台帐，发现问题及时解决，保持设备的使用寿命。

3. 采取一切可行的手段，加大设备投入和改造

要争取国家政策性安全专项基金的扶持，采取多种形式的集资和融资，对照《煤矿安全规程》及有关行业标准，做出规划，确保煤矿必须的生产装备、安全监控设备的正常运转和更新换代，优先使用大功率采煤机、综掘机、绞车变频调速装置、斜巷行人行车综合监测保护装置、轨道运输监测监控系统等先进技术和装备。

4. 建立健全各种规章制度

建立健全各级设备管理责任制、工种岗位责任制、事故责任追究制等，使设备做到层层有人抓，事事有人管，人人有专责。

5. 加强机电设备检测检验工作

煤矿企业要按照国家有关规定，对本企业的各种设备进行定期检测检验，发现问题及时处理，把设备的安全隐患消除在萌芽状态，使设备处于良好状态。

第十节　露天煤矿事故防治技术

一、露天煤矿主要事故

我国露天煤矿常见事故有采场边坡滑坡、运输车辆事故、机械事故、起重伤害、触电、水害、火灾、高处坠落、爆破事故、锅炉和压力容器爆炸、中毒和窒息等。

二、露天煤矿事故防治技术

(1)露天采剥工作面开工前，必须编制作业规程，经矿山企业负责人批准后施行。露天开采时，必须按设计规定，控制采剥工作面的阶段高度、宽度和坡面角。

(2)矿区必须建立地面防水、排水系统，防止地表水泄入露天采场；防止山洪冲毁生产运输系统、建(构)筑物；防止排土场矸(废)石场尾矿库发生泥石流；防止山体滑坡、边坡滑落。

(3)矿山企业地面消防按《消防法》执行。

(4)矿山企业爆破材料的生产、储存、运输、试验、销毁和爆破作业，严格按照《中华人民共和国民用爆炸物品管理条例》和《爆破安全规程》的规定执行。

(5)矿山电力系统的设计、安装、验收、运行、检修等工作，必须按国家有关规定执行。

(6)露天矿山铁路、汽车运输必须按照国家的有关规定进行管理。

(7)矿山的采掘、装载设备、锅炉和压力容器、起重设备等按设备的操作规程使用和管理。

(8)对矿山的环境定期进行各种指标的检测，及时发现问题，及时处理。

第十一节　煤矿隐患排查技术

一、隐患排查治理制度

1. 日检制度

(1)矿长是安全生产第一责任人，应带头认真执行煤矿的各项规章管理制度，除特殊情况外，应坚守煤矿，对煤矿隐患排查治理各项工作做总体的安排部署。

(2)每天由矿领导跟班，大班长、安全员、瓦检员负责日常隐患排查，矿领导检查落实，每日下井一次，对井下采、掘、机、运、通各系统环节治理工作的落实情况进行检查、监督和指导。

(3)当日检查发现问题及隐患落实整改情况应在下一班的安全生产调度会上给予说明和安排。

(4)每班检查的隐患要有记录，对检查出来的隐患要认真填写，及时落实整改措施、整改时间和责任人。

(5)每日有一名矿领导下井一次，对国家法律法规、上级行业部门相关文件精神以及安全生产应注意的相关事宜，应组织各级管理人员及工人进行学习和传达。

(6)对井下采、掘、机、运、通各系统环节治理工作的落实情况进行检查、监督和指导。查出问题按照“五定”原则交给当班进行处理，处理不完的移交下一班继续处理。

(7)隐患落实整改应根据检查和落实情况，有记录、有台帐，留下痕迹管理。

(8)矿领导按照相关要求带班下井作业，次数不少于相关规定，并有夜井记录。认真填写班前会议记录、带班日记、交接班登记和隐患整改调度表。

(9)对检查工作不认真，检查后未及时制定整改措施或未落实整改措施导致发生事故的，根据相关法律法规以及煤矿处罚标准，追究相关责任人的责任，实行经济处罚。

(10)安全专职检查人员必须积极参加当班的安全生产调度会议、班前会议，填写隐患整改调度表、登记台帐，并将隐患检查情况在井口公示栏公示。

(11)安全专职检查人员对井下安全生产环节检查应不留死角、不漏点、不漏面，严格隐患整改，保证各项工作落到实处。

(12)技术人员每天下井对各项工程建设的技术参数、实施效果进行检查和安排落实，建设质量及规格不符合《煤矿安全规程》或相关规定的，责令重新处理，并根据相关处罚标准落实进行处罚到位。

2. 周检制度

(1)按照煤矿规定，由矿长组织，积极开展每周日的自检自查工作，检查参与人员有矿长、副矿长、大班长、技术员等相关人员参加，除特殊情况外，任何人不得无故不参加检查。

(2)参与检查人员必须严格执行《大凹子煤矿安全生产隐患处罚标准》，检查不漏环节、不留死角，采、掘、机、运、通各系统严查严治。

(3)查出隐患必须有隐患检查记录登记台帐，按照《五定》原则交给带班领导，带班领导督促大班长，实行隐患整改压力逐级传递，一级对一级负责的原则。

(4)检查结果及上周检查隐患整改情况，应在周一的安全办公、自检自查会议上进行公布，整改及时、效果符合相关标准的班组应给以一定奖励，对隐患整改不力或不及时的班组，必须对照标准，从重处罚。

(5)隐患整改结束，相关检查人员必须组织对整改效果进行验收，填写书面隐患整改报告，及时上报分局。

(6)加强周检档案管理工作，所有原始检查记录台帐，整改验收台帐，必须收集整理，交煤矿档案室进行保管，以便以后查找方便。

(7)排查出事故隐患要进行定性、定量的评估，确认事故隐患的类别，同时落实整改措施、整改时间和责任人。

3. 月检制度

(1)煤矿每月必须对井上下各系统、相关软件建设工作存在问题进行一次彻底的检查和排查。

(2)煤矿每月检参与人员：矿长、副矿长、技术员、大班长、安瓦员等相关工作人员。

检查范围及内容如下：

①安全生产法律、法规是否认真贯彻落实，安全技术措施计划，各工种软件，职工培训计划执行情况。

②是否树立“安全第一，预防为主”的思想，是否将安全放在生产的首位。

③各项规章制度是否建立健全，内容是否具体，符合要求，安全生产责任制是否落实。

④安全管理保障体系是否满足管理需要并发挥作用，职工树立安全生产意识，是否形成全员参加的安全管理网络。

⑤作业场所是否存在环境、物品不安全状态和人的不安全行为因素，是否落实隐患治理防范措施。

(3)明确工作职责，按照隐患治理压力层层传递原则，各司其责，根据隐患类别，落实专项资金逐条整改，限期整改隐患实行专人负责，随时跟踪督促，保证整改效果及进度。

(4)处理隐患，应先制定安全防范措施。加强对隐患的监控，并告知作业人员在紧急情况下应采取的措施，否则不准从事相关作业。

(5)煤矿每月将事故隐患排查、治理作为安全办公会议、安全检查和安全绩效考核的重要内容，及时研究整改措施，对事故隐患进行监控，落实整改措施，防范事故发生。

(6)每月底煤矿应召开隐患整改分析会议，及时总结隐患整改过程中的难点问题，整改资金的到位和使用情况，对当月隐患整改先进工作人员进行表扬，整改成绩差者给予处罚或批评。

二、隐患分级管理制度

(1)根据隐患严重程度、解决难易，事故隐患分为三种：

①重大隐患。危害严重或治理难度大，需要停产整顿的。

②较大隐患。危害比较严重或有一定的工程量，需由矿限期解决的。

③一般隐患。对矿井安全有一定影响，班组能够且必须解决的。

(2)煤矿安全检查督察人员，在进行隐患登记和处理过程中，应根据隐患级别，实行分级管理。

(3)一般隐患在检查过程中直接交代大班长或当班值班人员安排处理，后班带班领导进行跟踪复查整改效果。

(4)较大隐患必须由带班领导签字认可后，直接安排布置进行处理，并有专人进行现场监督。

(5)重大隐患应由矿长亲自进行安排布置，落实人员、物资和资金，整改结束后由矿长组织进行验收。

(6)排查出事故隐患应根据隐患性质，进行定性、定量的评估，确认事故隐患的类别，同时落实整改措施、整改时间和责任人。重大隐患还要落实项目、资金和施工队伍。

(7)重大事故隐患治理前，必须有由技术负责人组织制定、矿长批准的安全防范措施和应急计划。必须加强对隐患的监控，并告知作业人员在紧急情况下应采取的措施，否则，不准从事相关作业。

(8)重大事故隐患治理结束，由技术负责人组织验收，并将验收结果存入事故隐患管理档案。

(9)建立重大事故隐患挂牌、建档制度，实行事故隐患跟踪管理。

(10)煤矿将事故隐患排查、治理作为安全办公会议、安全检查和安全绩效考核的重要内容，及时研究整改措施，对事故隐患进行监控，落实整改措施，防范事故发生。

(11)因事故隐患排查、整改措施落实不力导致事故的，追究相关人员责任。

三、重大隐患报告制度

(1)煤矿安全督察领导小组应随时下井进行自检自查，掌握矿井安全生产动态。

(2)对安全生产存在重大隐患，煤矿应成立重大隐患管理小组，由法人代表负责，履行以下职责：

①掌握重大事故隐患情况，分析发生事故的可能性，负责重大事故隐患的现场管理；

②制定应急计划，并将应急计划报上级行业管理部门及人民政府备案；

③进行安全教育，组织模拟重大事故发生时应采取的紧急处理措施，组织救援设施、设备调配和人员疏散演习；

④随时掌握重大事故隐患的动态变化；

⑤保持消防器材、救护用品完好有效。

掌握事故隐患后，要立即采取整改措施，整改工作应重在落实，要做到时间落实，措施落实、资金落实、责任落实。隐患难以立即整改的，应采取防范措施。

(3)查出重大安全隐患后，应按下列程序及时、准确报告。

①查出重大隐患后，隐患现场当班带班矿领导应立即组织撤出井下受威胁地点的工作人员，并向矿调度室或矿长报告。调度室接到报告后，应立即向矿长和其他副矿长报告。

②矿长接到汇报后，亲自或责令有关人员立即向主管部门和当地政府汇报。

(4)报告内容应包括：隐患存在的地点、隐患类别、原因以及采取的应急处理措施，形成书面报告应附现场示意图。

(5)各安全督察小组成员必须认真履职，对重大安全生产隐患，严格按照“严管勤查重惩”的原则，采取多种形式，切实加大煤矿安全督察检查力度。

(6)重大安全生产隐患查出汇报后，煤矿应根据制定的处理措施，责任明确，分工明确并责任到人进行处理，其他任何人不得以任何理由推诿、抵触，保证隐患按措施落实整改到位。

(7)隐患整改必须严格遵守《安全操作规程》，严禁违章操作和违章指挥，指挥人员必须及时准确采取果断措施，避免指挥失误造成事故。

(8)隐患整改结束后，煤矿应及时将隐患整改结果形成书面形式上报。对隐患整改过程中做出重大贡献者实行奖励，隐患整改过程中履职不到位者实行惩罚。

四、隐患整改制度

(1)本制度中所指隐患分一般隐患和重大隐患，一般隐患是指在短期内能够处理，需要费用相对较少，对安全生产威胁相对较小的隐患；重大隐患是指在短期内无法整改结束，需要大量资金，对安全生产威胁较大的隐患。

(2)隐患整改之前，隐患检查或落实整改人员，应根据隐患类别及隐患级别明确相关责任人进行整改。

(3)一般顶板隐患整改，如回风巷或运输巷出现断梁折柱，进行维修时，必须按照维修安全技术措施规定进行操作，所有维修工作地点严禁一人操作。

(4)特殊地点顶板隐患进行整改时，必须有专人进行盯哨，严格按照措施要求，加强超前支护，确保操作人员工作安全。

(5)整改运输隐患时，提升斜井应在停止运输时进行，大巷因无法停止工作必须有专人安排运输次序，避免工作人员造成意外事故。

(6)通风隐患整改，必须在正常通风状态下进行，确需停止供风整改的，必须撤出停风地点工作人员，做好相关处理后进行。

(7)瓦斯超限隐患处理时，应撤出其他工作人员，在专人指导下进行，排出积集瓦斯时，应避免“一风吹”，严格执行瓦斯排放制度。

(8)其他隐患整改应遵守各自相关规定，根据隐患整改难易程度，合理安排资金和人员。尽量做到小隐患不过班，大隐患不过夜的处理原则。

(9)带班领导在井下工作时间内，应对隐患整改落实情况进行检查和监督，对出现的违章现象实施处罚，情节严重的责令停止作业，撤出人员。

(10)所有隐患整改实行跟踪问责，谁签字谁负责，整改不及时，措施未落实到位，主要追究整改负责人。

五、隐患整改验收制度

(1)隐患整改验收人员组成：矿长、副矿长、技术员、大班长以及特别安排的当班其他值班人员。

(2)顶板隐患整改验收支架支护时，应做到支架顶梁平直，水平无高差，水平高差超过允许范围时，责令重新改正，并处以相应罚款。

(3)采空区处理应牢固、密闭严实、不漏矸，对密闭不严实、不牢固情况必须重新进行处理。

(4)冒顶处处理验收时，应根据冒顶情况，看支护上端是否充填严实，支架严禁前俯后仰，背板、木契构件不齐全。

(5)通风设施构筑物建设质量验收时，应做到符合相关标准，未达标必须重建，并给予相应处罚。

(6)一般隐患整改结束，由当班值班人员进行验收，重大隐患整改结束，由技术负责人组织相关人员进行验收，整改验收合格及时进行消号，并填写隐患整改报告上报上级行业管理部门。

(7)对检查验收情况不真实，弄虚作假的班组或个人，必须进行重处重罚，责令重新按照要求进行落实整改。

(8)隐患检查验收工作人员在进行检查验收时，必须公平、公正，做到对照标准，从严验收，严禁作风漂浮，马虎了事，检查验收有登记台账或验收报告。

(9)所有检查记录和验收报告，应按照隐患类别，进行登记超册规档管理。

六、隐患排查治理记录登记制度

(1)对于煤矿存在的各种隐患，不管是上级行业部门检查隐患，还是煤矿自查隐患，必须按照隐患整改“五定”原则，进行及时整改。

(2)煤矿一日三班隐患整改必须有记录，记录台帐应清晰隐患的内容，包括类别、级别以及整改负责人、资金、时限和措施。

(3)隐患整改结束后，应建立隐患整改记录登记台帐，登记台帐应记录隐患整改结束时间、使用资金、验收时间以及整改效果等内容。

(4)隐患整改调度登记表应由煤矿安全督察人员填写，相关责任人进行签字认可，方可组织进行整改，不允许无措施盲目组织整改。

(5)煤矿隐患整改登记台帐以及上级行业管理部门检查隐患，由安全生产副矿长即安全督察小组副组长负责填写，相关检查验收人员提供检查结果情况。

(6)煤矿隐患排查治理使用台帐及相关表格，由安全生产管理办公室人员负责统一制作，交给使用人员进行填写。

(7)煤矿隐患排查治理记录各种台帐，应按照年度、月度集中定制成册，集中档案管理。

(8)登记台帐在每个月末，应有隐患整改详细统计记录，台帐内容应包括隐患整改的条数，一般隐患、较大隐患以及重大隐患条数，使用整改资金情况等相关内容。

七、隐患排查整改公示制度

(1)煤矿隐患排查整改公示地点应选择在职工集中、开班前会议醒目地点，便于职工知道隐患存在的地点、类别及级别。

(2)隐患公示应按照隐患类别、级别、存在地点、处理措施等内容逐条逐款进行填写，字迹清楚、工整。

(3)隐患公示栏目应明确隐患检查人员、隐患整改责任人、隐患公布人员、隐患检查时间、整改时限。

(4)隐患公示栏填写必须如实，一日三班，不允许有隐患整改记录而无隐患公布。

(5)隐患整改公示栏必须保持清洁，其他人员不得无故进行更改。

(6)隐患公布时间应在下一个班班前会议之前填写完毕，便于职工了解当班存在问题，接受职工监督。

八、隐患排查治理统计分析制度

(1)煤矿每月末应积极组织相关人员召开月度隐患排查治理分析会议，参加会议人员由矿长、副矿长、技术员、大班长等相关人员组成。

(2)隐患统计分析应进行分门别类，逐项进行分类，顶板隐患有多少条，主要出现和发生的地点在哪些范围，其他隐患的件数以及常发生的地点。

(3)全体人员根据隐患治理的效果，总结治理过程中存在的问题，在今后的隐患治理中应采取哪些方法进行改进，保证隐患治理快速、经济、符合标准。

(4)组织形式以方案领导小组为核心，其他人员参与进行监督。

(5)统计分析记录人员以小组副组长为主，记录应全面，首先设计符合实际的表格，应分门别类、条款清楚。

(6)季度统计分析会议应参照各月相关统计进行分析、评比，通过量化考核，有突出贡献的班组和个人实行奖励，工作进度缓慢、整改不力的班组给予处罚。

(7)季度分析在月度分析的基础上，总结好的经验和做法，同时不断修改相关管理制度，使隐患排查治理工作逐步趋向制度化、规范化。

(8)年终进行年度统计分析，总结工作成果，分析利弊得失，以便为下一年的工作计划提供科学有力的数据保障。

(9)年度统计分析除上述相关人员参与外，应有部分职工代表参与，广泛听取各方面意见，充分调动全体人员的积极性和确保他们的参与权。

(10)年终分析总结结束后，全年的所有记录和台帐，全部交归档案室进行集中管理。

九、隐患排查治理资金专项使用制度

煤矿安全生产隐患排查治理资金必须实行专款专用，其他任何部门或个人不得动用隐患排查治理专项资金。

1. 安全生产费用的提取和使用管理

按照《煤炭安全生产费用提取和使用管理办法》的规定，按原煤实际产量从成本中提取，专款用于安全生产设施投入。

(1)安全生产费用的提取标准

根据规定，不同类型的煤矿按照不同标准提取安全费用，安全费用的提取报税务机关、财政部门和上级煤炭行业管理部门备案。煤矿在实际生产过程中，不得随意改变安全费用的提取，有关企业分类标准，严格按国家煤炭工业矿井设计规范标准执行。

(2)安全生产费用的使用管理

①安全生产费用必须在规定的范围内专户储存，专款专用，年度结余资金能供下年使用。

②安全费用的具体使用范围：

a. 矿井主要通风设备的更新改造支出；

b. 完善和改造矿井瓦斯监测系统和抽放系统支出；

c. 完善和改造矿井综合防治煤与瓦斯突出支出；

d. 完善和改造矿井防灭火支出；

e. 完善和改造矿井防治水支出；

f. 完善和改造矿井机电设备的安全防护设备设施支出；

g. 完善和改造矿井供电系统的安全防护设备设施支出；

h. 完善和改造矿井运输系统的安全防护设备设施支出；

i. 完善和改造矿井综合防尘系统支出。

③煤矿提取的安全费用应在交纳企业所得税前列支。

④有关安全费用的会计核算问题，按国家统一会计制度处理。

⑤煤矿必须按照上级相关部门的要求及时足额提取安全费，按照规定用途全部用于煤矿安全生产方面支出。

2. 维简费的提取和使用管理

(1)维简费的提取

维简费从煤炭生产成本中提取，专项用于维持简单再生产的资金，维简费不包含安全费，但包含井巷费用。

(2)维简费的使用管理

①坚持先提后用，量入为出的原则，专款专用，专项核算，节余资金可移交下年度继续使用。

②维简费主要用于煤矿生产正常接替的开拓延伸、技术改造等，以确保矿井持续稳定和安全生产，提高效率。维简费的具体使用范围如下：

a. 矿井开拓延伸工程；

b. 矿井技术改造；

c. 煤矿固定资产更新、改造和固定资产零星购置。

d. 矿区生产补充勘探；

e. 综合利用和“三费”治理支出；

f. 矿井新技术推广。

③有关煤矿维简费会计核算问题，按国家统一会计制度处理。

3. 安全生产风险抵押金的储存、使用和管理

(1)风险抵押金的存储

安全生产风险抵押金按矿井核定生产能力，按上级管理部门要求进行交纳，煤矿必须按时足额存储，不得因变更法定代表人、停产整顿等情况推迟、不存或少存安全风险抵押金，也不得以任何形式向职工摊派风险抵押金。

(2)风险抵押金的使用

①煤矿企业为处理本企业安全生产事故而直接发生的抢险救灾费用支出；

②煤矿企业为处理本企业安全生产事故善后事宜而直接发生的费用支出。

(3)风险抵押金的管理

煤矿企业持续生产经营期间，当年未发生生产安全事故、没有动用风险抵押金的，风险抵押金自然结转，下年不再存储。当年发生生产安全事故、动用风险抵押金的，省、市、县级安全生产监督管理部门及同级财政部门应当重新核定煤矿企业应存储的风险抵押金数额，并及时告知煤矿企业，煤矿企业在核定通知送达后1个月内按规定标准将风险抵押金补齐。

风险抵押金应当专款专用，不得挪用。安全生产监督管理部门、同级财政部门及其工作人员有挪用风险抵押金等违反本办法及国家有关法律法规行为的，依照国家有关规定进行处理。

十、隐患举报奖励制度

(1)煤矿对安全生产隐患整改不及时或有隐患不进行整改，重生产轻安全的行为，煤矿职工及其他人员有向矿领导或上级行业管理部门进行举报的权利。

(2)举报人员对进行举报的情况应真实可靠，不允许慌报、无故捏造事实或扩大事实真相。

(3)举报人员的举报方式可采取投信或电话举报，举报时应说明隐患存在地点、隐患类别，对隐患的危害程度也应做一定的评估。

(4)接到举报后，矿领导或行业管理部门应根据举报情况，及时进行查明，确认事实情况与举报情况一致，应对隐患整改不及时班组或煤矿采取重处重罚，绝不姑息手软。

(5)对举报情况与实际情况相符的，煤矿或上级行业管理部门应对举报人给予一定的奖励，并为举报人的身份进行保密。

第三章

煤矿事故应急管理

煤矿事故应急管理必须建立煤矿应急救援体系，包括应急救援组织机构、应急救援预案、应急培训和演练、事故后的恢复和善后处理。本章主要介绍煤矿事故应急救援预案和现场应急处置方案。

第一节　煤矿事故应急救援预案

制定应急救援预案的目的是在发生事故时，能以最快的速度发挥最大的效能，有序地实施救援，尽快控制事态发展，降低事故造成的危害，减少事故损失。

一、制定应急预案的基本要求

1. 科学性

事故应急救援工作是一项科学性很强的工作，制定预案也必须以科学的态度，在全面调查研究的基础上，开展科学分析和论证，制定出严密、统一、完整的应急反应方案，使预案真正具有科学性。

2. 实用性

应急救援预案应符合企业现场和当地的客观情况，具有适用性和实用性，便于操作。

3. 权威性

救援工作是一项紧急状态下的应急性工作，所制定的应急救援预案应明确救援工作的管理体系，救援行动的组织指挥权限和各级救援组织的职责和任务等一系列的行政性管理规定，保证救援工作的统一指挥。应急救援预案应经上级部门批准后才能实施，保证预案具有一定的权威性和法律保障。

二、煤矿应急预案编写内容要求及格式

煤矿事故应急救援预案是针对可能发生的重大事故所需的应急准备和响应行动而制定的指导性文件，其主要内容包括方针与原则、应急策划、应急准备、应急响应、现场恢复、预案管理与评审改进和附件这七大要素。

1. 方针与原则

应急救援预案应有明确的方针和原则作为指导应急救援工作的纲领，体现保护人员安全优先、防止和控制事故蔓延优先、保护环境优先，同时体现事故损失控制、预防为主、常备不懈、统一指挥、高效协调以及持续改进的思想。

2. 应急策划

应急策划是煤矿事故应急救援预案编制的基础，是应急准备、响应的前提条件，同时它又是一个完整预案文件体系的一项重要内容。在煤矿事故应急救援预案中，应明确煤矿的基本情况，以及危险分析与风险评价、资源分析、法律法规要求等结果。

(1)基本情况。主要包括煤矿的地址、经济性质、从业人数、隶属关系、主要产品、产量等内容，周边区域的单位、社区、重要基础设施、道路等情况。

(2)危险分析、危险目标及其危险特性和对周围的影响。危险分析结果应提供：地理、人文、地质、气象等信息；煤矿功能布局及交通情况；重大危险源分布情况；重大事故类别；特定时段、季节影响；可能影响应急救援的不利因素。对于危险目标可选择对重大危险装置、设施现状的安全评价报告，健康、安全、环境管理体系文件，职业安全健康管理体系文件，重大危险源辨识、评价结果等材料来确定事故类别，综合分析其危害程度。

(3)资源分析。根据确定的危险目标，明确其危险特性及对周边的影响以及应急救援所需资源；危险目标周围可利用的安全、消防、个体防护的设备、器材及其分布；上级救援机构或相邻可利用的资源。

(4)法律法规要求。法律法规是开展应急救援工作的重要前提保障。列出国家、省、市级应急各部门职责要求以及应急预案、应急准备、应急救援有关的法律法规文件，作为编制预案的依据。近年来，我国政府相继颁布了一系列法律法规，如《安全生产法》第十七条规定："生产经营单位的主要负责人对本单位安全生产工作负有组织制定并实施本单位的生产安全事故应急救援预案的责任"。第三十三条规定："生产经营单位对重大危险源应当登记建档，进行定期检测、评估、监控，并制定应急预案，告知从业人员和相关人员在紧急情况下应当采取的应急措施"。第六十八条规定："县级以上地方各级人民政府应当组织有关部门制定本行政区域内特大生产安全事故应急救援预案，建立应急救援体系"。其他法规如《中华人民共和国矿山安全法》、《中华人民共和国职业病防治法》、《中华人民共和国消防法》、《煤矿安全监察条例》、《危险化学品安全管理条例》、《特种设备安全监察条例》(国务院令第373号)、《建筑设计防火规范》(GBJ16)、《关于特大安全事故行政责任追究的规定》、《使用有毒物品作业场所劳动保护条例》等也做了相应规定。

3. 应急准备

在煤矿事故应急救援预案中应明确下列内容：

(1)应急救援组织机构设置、组成人员和职责划分。依据煤矿重大事故危害程度的级别设置分级应急救援组织机构。组成人员应包括主要负责人及有关管理人员；现场指挥人。明确职责，主要职责：组织制订煤矿重大事故应急救援预案；负责人员、资源配置、应急队伍的调动；确定现场指挥人员；协调事故现场有关工作；批准本预案的启动与终止；事故状态下各级人员的职责；煤矿事故信息的上报工作；接受集团公司的指令和调动；组织应急预案的演练；负责保护事故现场及相关数据。

(2)在煤矿事故应急救援预案中应明确预案的资源配备情况，包括应急救援保障、救援需要的技术资料、应急设备和物资等，并确保其有效使用。应急救援保障分为内部保障和外部保障。依据现有资源的评估结果，确定内部保障的内容包括：确定应急队伍，如抢修、现场救护、医疗、治安、消防、交通管理、通讯、供应、运输、后勤等人员；消防设施配置图、工艺流程图、现场平面布置图和周围地区图、气象资料、煤矿安全技术说明书、互救信息等存放地点、保管人；应急通信系统；应急电源、照明；应急救援装备、物资、药品等；煤矿运输车辆的安全、消防设备、器材及人员防护装备以及保障制度目录、责任制、值班制度和其他有关制度。依据对外部应急救援能力的分析结果，确定外部救援的内容包括：互助的方式，请求政府、集团公司协调应急救援力量，应急救援信息咨询，专家信息。矿井事故应急救援应提供的必要资料，通常包括：矿井平面图、矿井立体图、巷道布置图、采掘工程平面图、井下运输系统图、矿井通风系统图、矿井系统图，以及排水、防尘、防火注浆、压风、充填、抽放瓦斯等管路系统图，井下避灾路线图，安全监测装备布置图，瓦斯、煤尘、顶板、水、通风等数据，程序、作业说明书和联络电话号码和井下通信系统图等。预案应确定所需的应急设备，并保证充足提供。要定期对这些应急设备进行测试，以保证其能够有效使用。应急设备一般包括：报警通讯系统，井下应急照明和动力，自救器、呼吸器，安全避难场所，紧急隔离栅、开关和切断阀，消防设施，急救设施和通讯设备。

(3)教育、训练与演练。煤矿事故应急救援预案中应确定应急培训计划，演练计划，教育、训练、演练的实施与效果评估等内容。应急培训计划的内容包括：应急救援人员的培训、员工应急响应的培训、社区或周边人员应急响应知识的宣传。演练计划的内容包括：演练准备、演练范围与频次和演练组织。实施与效果评估的内容包括：实施的方式、效果评估方式、效果评估人员、预案改进和完善。

(4)互助协议。当有关的应急力量与资源相对薄弱时，应事先寻求与外部救援力量建立正式互助关系，做好相应安排，签订互助协议，做出互救的规定。

4. 应急响应

(1)报警、接警、通知、通讯联络方式。依据现有资源的评估结果，确定24小时有效的报警装置；24小时有效的内部、外部通讯联络手段；事故通报程序。

(2)预案分级响应条件。依据煤矿事故的类别、危害程度的级别和从业人员的评估结果，可能发生的事故现场情况分析结果，设定预案分级响应的启动条件。

(3)指挥与控制。建立分级响应、统一指挥、协调和决策的程序。

(4)事故发生后应采取的应急救援措施。根据煤矿安全技术要求，确定采取的紧急处理措施、应急方案；确认危险物料的使用或存放地点，以及应急处理措施、方案；重要记录资料和重要设备的保护；根据其他有关信息确定采取的现场应急处理措施。

(5)警戒与治安。预案中应规定警戒区域划分、交通管制、维护现场治安秩序的程序。

(6)人员紧急疏散、安置。依据对可能发生煤矿事故场所、设施及周围情况的分析结果，确定事故现场人员撤离的方式、方法；非事故现场人员紧急疏散的方式、方法；抢救人员在撤离前、撤离后的报告；周边区域的单位、社区人员疏散的方式、方法。

(7)危险区的隔离。依据可能发生的煤矿事故危害类别、危害程度级别，确定危险区的设定；事故现场隔离区的划定方式、方法；事故现场隔离方法；事故现场周边区域的道路隔离或交通疏导办法。

(8)检测、抢险、救援、消防、泄漏物控制及事故控制措施。依据有关国家标准和现有资源的评估结果，确定检测的方式、方法及检测人员防护、监护措施；抢险、救援方式、方法及人员的防护、监护措施；现场实时监测及异常情况下抢险人员的撤离条件、方法；应急救援队伍的调度；控制事故扩大的措施；事故可能扩大后的应急措施。

(9)受伤人员现场救护、救治与医院救治。依据事故分类、分级，附近疾病控制与医疗救治机构的设置和处理能力，制订具有可操作性的处置方案，内容包括：接触人群检伤分类方案及执行人员；依据检伤结果对患者进行分类现场紧急抢救方案；接触者医学观察方案；患者转运及转运中的救治方案；患者治疗方案；入院前和医院救治机构确定及处置方案；信息、药物、器材储备信息。

(10)公共关系。依据事故信息、影响、救援情况等信息发布要求，明确事故信息发布批准程序；媒体、公众信息发布程序；公众咨询、接待、安抚受害人员家属的规定。

(11)应急人员安全。预案中应明确应急人员安全防护措施、个体防护等级、现场安全监测的规定；应急人员进出现场的程序；应急人员紧急撤离的条件和程序。

5. 现场恢复

事故救援结束，应立即着手现场的恢复工作，有些需要立即实现恢复，有些是短期恢复或长期恢复。煤矿事故应急救援预案中应明确：现场保护与现场清理 ；事故现场的保护措施 ；明确事故现场处理工作的负责人和专业队伍 ；事故应急救援终止程序 ；确定事故应急救援工作结束的程序 ；通知本单位相关部门、周边社区及人员事故危险已解除的程序；恢复正常状态程序；现场清理和受影响区域连续监测程序；事故调查与后果评价程序。

6. 预案管理与评审改进

煤矿事故应急救援预案应定期应急演练或应急救援后对预案进行评审，以完善预案。预案中应明确预案制定、修改、更新、批准和发布的规定；应急演练、应急救援后以及定期对预案评审的规定；应急行动记录要求等内容。

7. 附件

煤矿事故应急救援预案的附件部分包括：组织机构名单；值班联系电话；煤矿事故应急救援有关人员联系电话；煤矿生产单位应急咨询服务电话；外部救援单位联系电话；政府有关部门联系电话；煤矿平面布置图；消防设施配置图；周边区域道路交通示意图和疏散路线、交通管制示意图；周边区域的单位、社区、重要基础设施分布图及有关联系方式；供水、供电单位的联系方式；组织保障制度等。

第二节　煤矿事故现场应急处置方案

煤矿矿井灾难事故现场应急处置方案是针对矿井可能发生的事故制定的现场处置措施，具有简单实用、便于操作、针对性强的特点。它主要包括事故特征、应急处置、注意事项等几个方面的内容。本节介绍的现场应急处置方法是救援队伍到达前，事故现场人员应采取的处置方案，内容以自救互救、应急避灾和组织抢救准备工作为主。

一、瓦斯爆炸事故现场应急处置方案

1. 事故特征

(1)瓦斯爆炸事故危险性分析

瓦斯爆炸事故是煤矿最严重的事故灾难之一，易造成群死群伤、矿毁人亡。爆炸会产生高温火焰(温度可达 2000℃)爆炸冲击波(最高 1.2 MPa)，并伴随大量有毒有害气体。爆炸

生成的高温高压冲击波，导致人员伤亡、设备损坏、支架损毁、顶板冒落、通风构筑物破坏，引起矿井通风系统紊乱。爆炸生成的有毒有害气体，伴随风流蔓延，导致较远距离人员伤亡。爆炸在一定条件下会诱发火灾，引发二次及多次爆炸，爆炸冲击波卷扫巷道积尘，可能引发煤尘爆炸连锁反应，造成更大的灾难性事故。

(2)瓦斯爆炸事故易发生的地点

瓦斯爆炸事故一般多发生在采掘工作面等井下作业地点。采煤工作面一般发生在回风隅角、采煤机附近及巷道冒高处。掘进工作面一般发生在迎头、巷道冒高处及停风时段。引爆火源多为爆破火源、电气火源及摩擦火源。个别采空区或者盲巷由于封闭不及时、不严密而形成的瓦斯积聚，引起瓦斯爆炸或瓦斯燃烧。

(3)事故可能出现的季节

瓦斯事故与瓦斯涌出有一定的关系，一般随季节性变化而引起大气压变化，从而造成瓦斯涌出发生变化。在年末和节假日期间，由于人的心理因素影响，可能较平常出现更多的违规现象，使爆炸事故有一定的增加。

(4)事故前可能出现的预兆

火灾、水灾、动力灾难发生状态突变前，煤体有一定预兆。但瓦斯爆炸本身无预兆，是突发性灾难。由于爆炸燃烧波与冲击波传播过程中，两波前锋存在不断增加的距离。救援队员实践中发现风流突然静止，有颤动，耳鼓膜有震动，即感觉冲击波的影响。

瓦斯爆炸三要素(即瓦斯达到5%～16%的爆炸界限、存在引爆火源和井下空气中氧气含量在12%以上)是发生瓦斯爆炸的条件。井下可能引爆瓦斯的火源较多，如明火、爆破火源、电气火花、静电火花、炙热的金属表面等。在煤矿生产过程中无法杜绝火源的产生，因此在瓦斯超限达到爆炸界限时，就有可能遇到火而爆炸。

2. 现场应急处置

(1)现场带班队长、跟班干部要立即组织人员正确配带好自救器；引领人员按避灾路线到达最近新鲜风流中。

(2)第一时间向矿调度中心报告事故地点和现场灾难情况，同时向所在单位值班员报告。

(3)安全撤离时要正确配带好自救器。撤离时要快速、镇静、有序、低行。

(4)如巷道中的避灾路线指示牌破坏或迷失行进的方向，撤退人员应朝着有风流通过的巷道方向撤退。

(5)在撤退沿途和所经过的巷道交叉口，应留设指示行进方向的明显标志，以提示救援人员注意。

(6)在撤退途中听到或感觉到爆炸声或有空气震动冲击波时，应立即背向声音和气浪传来的方向，脸向下双手置于身体下面，闭上眼睛迅速卧倒，头部要尽量放低。有水沟部分尽量遮盖，以防火焰和高温气体灼伤皮肤。

(7)在安全出口均被封堵无法撤退时，应有组织地进行避灾，以等待救援人员的营救。

(8)进入避难室前，应在硐室外留设文字、衣物、矿灯等明显标志，以便于救援人员实施救援。

(9)如硐室内有压风设施，应设法开启压风进行自救。要有规律地不间断敲击金属物、顶帮岩石，发出呼救联络信号，以引起救援人员的注意，指示避难人员所在的位置。

(10)矿调度中心接到报告后，要立即向矿值班报告，并按矿应急预案程序向矿长、总工程师等人员报告。

(11)矿调度中心在接到事故报告后，还要通知有关单位的人员清点事故灾难地点工作人员。通知相关单位的人员集中待命。

(12)积极开展自救互救。对于窒息或心跳呼吸骤停伤员，必须先复苏，后搬运。复苏方法为：立即将伤员移至新鲜风流中，使之尽快与有毒有害气体隔离，将口中妨碍呼吸的东西去除并将衣领、腰带和上衣解开，脱掉胶靴使呼吸系统和血液循环不致受阻，对窒息者进行人工呼吸。对出血伤员，要先止血后搬运动，对骨折伤员，要先固定后搬运。

3. 注意事项

(1)佩带自救器呼吸时会感到稍有烫嘴，这是正常现象，不得取下防护装具，以防中毒。

(2)救援队员救援时必须配戴呼吸器，必须侦查灾区有无火源，避免再次引发爆炸的危险。

(3)救援队员进入灾区探险或救人时要时刻检查氧气消耗量，保证有足够的氧气返回。

(4)抢险救援期间不得停止井下压风，以供灾区人员呼吸。

(5)掘进工作面发生爆炸或火灾时，正大运转的局部通风机，不可随意停止，对已停运的局部通风机，不得随意启动。

(6)做好灾区现场保护工作，除救人和处理险情等紧急情况需要，不得破坏现场。如确实需要移动，要做好记录。

二、煤尘爆炸事故现场应急处置方案

1. 事故特征

(1)煤尘爆炸事故危险性分析

在矿井生产和建设过程都不可避免地受到煤尘的威胁，煤尘按成因分为原生煤尘和次生煤尘。煤尘量与煤岩中水含量有关。煤尘的危害：一是煤尘肺病，二是煤尘爆炸。煤尘爆炸也是煤矿最严重的事故灾难之一，易造成群死群伤、矿毁人亡。煤尘爆炸有三个条件：煤尘浓度达到爆炸界限，一般为45～2000 g/m^3，井下空气中氧气含量充足和存在引爆热源。在矿井中完全杜绝引爆热源非常困难，所以引发煤尘爆炸主要决定于开采煤层的煤尘爆炸性和游离在井下空气中的煤尘浓度。

(2)煤尘爆炸事故易发生的地点

煤尘源于采煤工作面的煤爆破，采掘机械裁割，煤尘堆积可受到冲击、摩擦、震动或因风速过高扬起，以及煤炭装载、运输、转载、卸载过程。煤尘沉积及浮游煤尘超标的地点容易发生爆炸。容易积聚煤尘的地点一般如下：

①矿井：煤仓、罐笼翻车点、主皮带运输巷皮带头及皮带尾、总回风巷、矿车运输装卸点、皮带运输转载点等。

②采区：回风巷、采区皮带头及皮带尾、采区皮带运输转载点、矿车运输装卸点等。

③综采工作面：机组截割煤、刮板运输机转载点、破碎机、放顶煤、迁移支架、回风顺槽等。

④机掘巷道：机组截割煤、转载点等。

⑤炮掘巷道：放炮落煤、转载点、矿车装卸点等。

(3)事故可能出现的季节

煤尘爆炸事故季节性不明显。

(4)事故前可能出现的预兆

爆炸前，事故地点浮游煤尘浓度达到爆炸界限，并且有引爆火源。爆炸时，一般都会有强大的爆炸声连续的空气震动，产生很强的高温气浪。瓦斯爆炸也可能引起煤尘爆炸。

2. 现场应急处置

煤尘爆炸与瓦斯爆炸类事故，煤尘爆炸可能引发瓦斯事故，瓦斯事故也可能诱发煤尘事故，所以二者的现场应急处置方案完全相同。

3. 注意事项

(1)佩带自救器呼吸时会感到稍有烫嘴，这是正常现象，不得取下防护装具，以防中毒。

(2)救援队员进入灾区探险或救人时要时刻检查氧气消耗量，保证有足够的氧气返回。

(3)抢险救援期间不得停止井下压风，以供灾区人员呼吸。

(4)掘进工作面发生爆炸或火灾时，正在运转的局部通风机，不可随意停止，对已停运的局部通风机，不得随意启动。

(5)要做好灾区现场保护工作，除救人和处理险情等紧急情况需要，不得破坏现场。

(6)要落实好煤尘防治物资和装备。

(7)完善综合防尘制度，加强综合防尘管理。

三、火灾事故现场应急处置方案

1. 事故特征

(1)矿井火灾事故危险性分析

引起火灾的基本要素：可燃性、热源和氧气。根据引燃物的不同，分为内因火灾(自燃起火)和外因火灾。外因火灾发生的条件是可燃物、氧化和引火源。内因火灾发生的条件是可燃物、氧化和可燃物氧化后热量聚集。火灾的燃烧消耗风流中的氧气，使风流中的氧气浓度下降，产生大量的热能和一氧化碳及其他有毒有害气体。矿井火灾如果发生在容易积存瓦斯的采空区、巷道高冒区，可能产生诱发瓦斯爆炸的危险，严重威胁着井下矿工的生命安全。

(2)煤炭自燃的外部征兆

①井下火区附近的空气温度以及从火区流出的水温高于正常情况下的温度。

②巷道壁帮出现水珠，是煤在低温氧化过程中产生热量，由于热量的集聚提高了煤体的温度，使水分蒸发，因而巷道中的湿度增加，水汽凝集在空气中呈现雾状，在支架和巷道壁表面形成水珠，一般把这种现象叫巷道煤壁“出汗”。但应注意，有这种现象的地方不一定都是煤炭自燃的初期征兆，因为在冷热两股气流汇合的地方，也会在巷道中出现雾气和“出汗”现象。

③在巷道中如闻到煤油、汽油和松节油气等芳香族气味时，尤其当闻到煤焦油的恶臭时，表明煤炭自燃已发展到严重程度。

④煤炭自燃过程中产生一氧化碳和二氧化碳，导致氧气浓度降低，使人产生闷热、憋气、头痛、四肢无力、疲劳等症状。

⑤开采浅层煤时，可看到从地表塌陷裂隙中逸出水汽并能闻到煤焦油味；冬季可以见到地表塌陷区的积雪先融化。

为了尽早准确而可靠地发现井下自燃火灾，应及时对井下空气样品进行化验，分析空气成分的变化，如发现一氧化碳、乙炔、乙烯等，若是持续存在，其浓度随时间逐渐增加，则可断定煤炭已自燃。

总结矿井煤炭自燃的征兆：先来气(水蒸气)，后来味(煤油味、汽油味、煤焦味)；先发汗(水珠)，后发干(温度升高后水分被蒸发)；不是着火，就是冒烟。

(3)外因火灾的征兆

①安装胶带运输机的巷道出现烟雾，烟雾的上风口一氧化碳浓度增加，其他气体浓度异常。

②运输机下浮煤较多的巷道出现烟雾，烟雾的上风口一氧化碳浓度增加，其他气体浓度异常，局部温度升高。

③机电硐室出现烟雾，烟雾的上风口一氧化碳浓度增加，其他气体浓度异常，局部温度升高。

④绝缘老化，漏地现象频繁，负荷过大，温度升高的电缆和其他电气设备。

(4)煤炭自燃易发生的地点

①有大量遗煤而未及时封闭或封闭不严的采空区、停采线附近。由于密闭墙质量差，位置不合理，或长期失修，墙内有浮煤堆积，当出现持续漏风供氧时，就可能发生自燃火灾。停采线是压差较大的漏风通道，碎煤较多，尤其是对易自燃的厚煤层开采时，停采线附近发火更加严重。

②通风不良的乱采乱掘处、冒顶处。煤层巷道冒顶、煤层巷道的砌碹质量不高或壁后充填不实，产生持续供氧条件而造成孔洞内煤壁自燃。

③巷道两侧和遗留在采空区内受压的煤柱。采用留煤柱护巷的矿井，由于煤柱的尺寸不合理，在压力作用下，煤柱被压破裂、坍塌。另外，在回柱放顶后煤柱两侧冒落不实，多出许多漏风通道，沿进、回风两侧附近出现一些漏氧化储热的地点，所以极易发生自燃。

④综采放顶煤工作面和厚煤量煤层分层开采以及急倾斜煤层开采采出率低、丢煤多的采空区。易自燃厚煤层的下分层开采时，人工顶板下的工作面进、回风巷与工人基板的裂隙形成了低速漏风供氧条件，如果上分层采空区内遗留大量浮煤，就会导致煤炭自燃。所以，厚煤层的下分层工作面的进、回风巷周围是容易发生煤炭自燃的地点。

⑤巷道内堆积的浮煤或煤巷的冒顶、片帮处。

⑥断层带附近。在断层带附近，煤层及顶板多为破碎状态，易堆积浮煤。同时工作面遇断层时要留保护煤柱。因此，在放顶后断层带漏风量较大，造成供氧条件，所以该地点容易自燃。

⑦溜煤眼及联络巷。煤层巷道有时采用双巷掘进，隔一定距离开一个联络巷道；主要巷道与配风巷之间存在联络巷道；各分层回采巷道之间，采煤工作面之间多用风眼溜煤眼连通。这样造成煤层采过后密闭墙较多，如果通风管理差，易造成漏风使溜煤眼和联络巷内发生煤炭自燃。

(5)外因火灾易发生的地点

皮带运输机头机尾、皮带运输底部浮煤、明火作业点、机电硐室、放炮作业点及由其他事故引发的火灾事故等。

2. 现场应急处置

(1)现场班队长、跟班干部要根据火灾性质立即组织现场人员正确配带好自救器，带领现场人员开启防尘设施进行现场自救，力争将火灾消灭在初始阶段。

灭火注意以下几点：

①要有充足的水量，应先从火源外围逐渐向火源中心喷射水流。

②要保持正常通风，并要有畅通的回风通道，以便及时将高温气体和蒸汽排除。

③用水灭电气设备火灾时，首先要切断电源。

④不宜用水扑灭油类火灾。

⑤灭火人员不准在火源的回风侧，以免烟气伤人。

(2)立刻向矿调度中心(调度)和所在单位报告。

(3)当现场人员不能在第一时间扑灭火灾时，跟班队长(班长)要立即组织所有现场人员按最近避灾路线到达新鲜风流中。在确保安全的前提下，设法向矿调度中心和所在单位值班报告事故现场灾难情况，及撤退的路线和目的地，到达目的地后再报告。

(4)如因灾难破坏了巷道中的避灾路线指示牌，迷失了行进的方向时，撤退人员应朝着有风流通过的巷道方向撤退。

(5)在撤退沿途和所经过的巷道交叉口，应留设指示行进方向的明显标志，以提示救援人员注意。

(6)唯一出口被封堵无法撤退时，应在现场管理人员或有经验的老师傅的带领下进行灾区避灾，以等待救援人员的营救。

(7)进入遇难室时，应在硐室外设文字、衣物、矿灯等明显标志，以便于救援人员及时发现，前往营救。

(8)如硐室内或硐室附近有压风装置，应设法开启压风系统自救。要采取有规律地敲击金属物、顶帮岩石等方法，发出呼救联络信号，以引起救援人员的注意，指示避难人员所在的位置。

(9)积极开展互救，及时处理受伤和窒息人员。

(10)矿调度中心(调度)接到报告后，要立即向矿值班报告，并按矿应急预案程序向矿长、总工程师、安全部门负责人报告。

(11)接到事故报告后，事故单位的干部、班组长及有关人员应立即查清灾难事故地点作业人员，并立即在调度中心集结待命。

3. 注意事项

(1)要尽最大可能了解或判明事故的性质、地点、范围和事故区域的巷道、通风系统、风流情况及火灾烟气蔓延的速度、方向以及与自己所处巷道位置之间的关系，并根据矿井灾害预防事故处理计划及现场的实际情况，确定撤退路线和避灾自救的方法。

(2)位于火源回风侧的人员或是在撤退途中遇到烟气有中毒危险时，就迅速戴好自救器，尽快通过捷径绕到新鲜风流中去。在烟气没有到达之前，顺着风流尽快从回风出口撤到安全地点。如果距火源较近而且越过火源没有危险时，也可迅速穿过火区撤到火源的进风侧(注意：这种方式轻易不要采用，必须确定有脱险的把握或身处独头巷时方可采用)。

(3)如果自救器有效作用时间内不能安全撤出，应在设有储存备用自救器的硐室换用自救器后再行撤退，或者寻找有压风管路系统的地点，设法利用压缩空气呼吸。

(4)撤退行动要迅速果断、快速有序、不得慌乱。撤退中应靠巷道有连通出口的一侧行进，避免错过脱离危险区的机会。同时还要随时注意观察巷道和风流的变化情况，谨防火风压可能造成的风流逆转。人员之间要互相照应、互相帮助、团结友爱。

(5)如果巷道已经充满烟雾，要沉着镇定，不得惊慌乱跑。要迅速地辨认出发生火灾的区域和风流方向，俯身触摸铁道或铁管，有秩序外撤。

(6)如果逆风或顺风撤离都无法躲避着火巷道或火灾烟气可能造成危害，就迅速进入避难硐室。附近没有避难硐室时，应在烟气袭来之前，选择合适的地点，利用现场条件，快速构筑临时避难硐室，进行避灾自救。

四、水害事故现场应急处置方案

1. 事故特征

(1)矿井水害事故危险性分析及可能发生的水害类型

矿井水灾发生的条件：一是较大的水源；二是有导水通道。水源有地表水(包括河湖水库、降雨、洪水等)，地下水(包括含水层和采空积水等)。导水通道有断层、陷落柱、封闭不良钻孔，采动形成的冒落裂隙带，废弃的井巷等。

水害是矿井主要灾害之一。水害可能造成突水淹井，巷道和设备破坏，井下人员群死群伤和巨大经济损失。

(2)事故可能出现的季节

矿井水事故与季节关系较大。在雨季、汛期，地表降水增加，含水量水源得到补充，水压加大，矿井水害在这个季节的发生相对较多。

2. 现场应急处置

(1)现场班队长、跟班干部要立即组织人员按避水路线安全撤离到新鲜风流中。

(2)撤离前，应设法将撤退的行动路线和目的地告知调度中心，到达目的地后再报调度中心(调度)。

(3)在条件允许的情况下，必须迅速撤往上水平，避免进入突水点附近及独头巷道。

(4)若逆水流行进时，应靠近巷道一侧，抓牢支架或其他固定物体，尽量避开压力水头和泻水主流，并注意防止被水中滚动的矸石和木料撞伤。

(5)如因突水后破坏了巷道中的避灾路线指示牌，迷失了行进的方向，撤退人员应朝着风流通过的上山巷道方向撤退。

(6)在撤退沿途和所经过的巷道交叉口，应留设指示行进方向的明显标志，以提示救援人员注意。

(7)撤退中，如遇冒顶或积水造成巷道堵塞，可寻找其他安全通道撤出。

(8)唯一出口被封堵无法撤退时，应在现场管理人员或有经验的老师傅的带领下进行灾区避灾，以等待救援人员的营救，严禁盲目潜水冒险等行动。

(9)积极开展互救，做好安全防卫工作。

①在突水迅猛、水流急速的情况下，现场人员应避开出水口和泄水流，按避灾路线撤至安全地点。如情况紧急来不及转移躲避，可抓住棚梁、棚腿和其他固定物体，防止被涌水打

倒和冲走。

②突水后，严禁任何人以任何借口冒险进入灾区。否则，不仅起不到抢险救援的目的，反而会造成自身伤亡，扩大事故。

③来不及撤退的人员应迅速进入附近较高的硐室避难。必要时，可设置挡墙或防护板，阻止涌水、煤矸和有害气体的侵入。

④进入避难室时，应在硐室外留设文字、衣物、矿灯等明显标志，以便于救援人员及时发现，前往营救。

⑤重大水害的避难时间一般较长。应节约使用矿灯，合理安排随身携带的食物，保持安静，尽量避免不必要的体力和氧气消耗，采用各种方法与外部联系。长时间避难时，避难人员要轮流担任岗哨，注意观察外部情况，定期测量气体浓度。其余人中员均静卧保持精力。避难人员较多时，硐室内可留一盏矿灯照明，其余矿灯应关闭备用。

⑥在硐室内，可用有规律地、间断地敲击金属物、顶帮岩石等方法，发出呼救联络信号，以引起救援人员的注意，指示避难人员的所在位置。

⑦在任何情况下，所有避难人员要坚定信心，互相鼓励，保持镇定下来的情绪。

⑧被困堵期间断绝食物后，即使在饥渴难忍的情况下，也应努力克制自己，决不嚼食杂物充饥，尽量少饮或不饮不洁净的井下水。需要饮用井水时，应选择适宜的水源，并用纱用或衣服过滤，以免造成身体损伤。

⑨长时间避难后，发觉救援人员来到时，应避免过度兴奋和慌乱。得救时不可吃硬质和过量的食物，要避开强烈的光线，以防发生意外，造成不良后果。

3. 注意事项

(1)现场抢救注意事项

①应在可能的情况下，迅速观察和判断突水地点，突水种类及涌水程度。加强对气体的检测，如是老空水涌出，使所在地点的有毒有害气体浓度增高时，救援人员应立即配戴好自救装备，在未确定所在地点的空气成分能否保证人员的生命安全时，禁止任何人随意摘掉自救器的口具和鼻夹。

②突水初期，在保证自身安全的前提下，利用现有的人力物力，迅速组织抢救工作。如突水周围围岩坚硬、涌水量不大，可组织力量，就地取材进行加固，尽快堵住出水点。

③在涌水凶猛、顶帮松散的情况下，决不可强行封堵出水口，以免引起作业地点大面积突水，造成人员伤亡，扩大灾情。

④对于受伤的矿工，应迅速抢救搬运到安全地点，立即进行急救处理。

⑤井下发生突水事故后，决不允许任何人以任何借口在不佩戴防护器具的情况下冒险进入灾区，严防有毒有害气体中毒和污染物伤害身体。

(2)现场组织人员撤离注意事项

如因涌水来势凶猛，现场无法抢救，或者将危及人员安全时，应迅速组织起来，沿着规定的避灾路线和安全通道，撤退到上部水平或地面。

在行动中，应注意下列事项：

①撤离前，应设法将撤退的行动路线和目的地告知应急救援指挥部值班室。

②在不能迅速撤至地面时，在条件允许的情况下，应迅速撤往突水地点以上的水平，尽量免进突水点附近及下方的独头巷道。

③行进中，应靠近巷道一侧，抓牢支架或其他固定物体，尽量避开压力水头和泄水主流，并注意防止被水滚动的矸石和木料撞伤。

④如因突水破坏了巷道中的避灾路线指示牌，迷失了行进的方向，遇险人员应朝着有风流通过的上山巷道方向撤退。

⑤在撤退沿途和所经过的巷道交叉口，应留设指示行进方向的明显标志，以提示救援人员注意。

⑥撤退巷道如是竖井，人员需从梯子间上下时，应保持好秩序，不要慌乱和争抢。行动中，手要抓牢，脚要蹬稳，注意自己与他人的安全。

⑦撤退中，如因冒顶或积水造成巷道堵塞，可寻找其他安全通道撤出。在唯一的出口被封堵无法撤退时，应组织好灾区避灾，等待救援人员的营救，严禁盲目潜水冒险等行动。

五、顶板事故现场应急处置方案

1. 事故特征

(1)矿井顶板事故危险性分析

顶板灾害有时也称为围岩垮塌，通常包括冒顶、片帮、底板鼓起和冲击地压危害等，其危害的发生，主要取决于围岩力学性质和采取的围岩控制措施，以及顶板管理措施的有效性。顶板灾害是煤矿多发生性事故。矿井顶板事故会引起大面积来压，造成工作面岩石垮落，片帮冒顶，支架和设备损坏，人员伤亡，也可能造成有毒有害气体喷出，引发爆炸和燃烧继发事故。

(2)矿井顶板事故易发生的地点

冒顶灾害事故多发生在采煤工作面、掘进工作面、巷道维修处和其他地点。在地质构造复杂顶板管理困难的地区，如断层带、褶曲带、冲刷带、裂隙发育带、陷落柱附近是矿井面板事故易发生的地点。

(3)事故可能出现的季节

冒顶事故与季节性不明显，一般有年末、雨季和节假日，因为人的心理因素影响，违章行为可能增加，造成事故可能性较大。

2. 现场应急处置

(1)对于顶板事故，现场班队长、跟班干部要有第一时间处置权。

(2)要根据现场情况，判断顶板事故发生地点、灾情、原因，对影响区域进行现场处置。如无第二次大面积顶板动力现象，应立即组织对受困人员进行施救，防止事故扩大。

(3)发生严重的顶板事故要立即向矿调度中心和所在单位值班室报告事故灾情，现场救援人员必须在首先保证巷道通风、后路畅通、现场顶帮维护好的情况下施救，施救过程中必须安排专人进行顶板观察和监护。

(4)当出现大面积来压等异常情况或通风不良瓦斯浓度急剧上升，有瓦斯爆炸危险时，必须立即撤离现场到安全地点，并立即汇报情况，等待矿应急救援指挥部发出的进一步处置命令。

(5)对现场受伤人员开展救助工作，对于轻伤者应现场对其进行包扎，将其抬到安全地带，而对于骨折人员不要轻易挪动，要采取固定措施，对出血伤员要先进行止血，等待救助人员的到来。

(6)矿调度中心接到报告，及时向矿值班室报告，并按矿应急预案程序向矿长、总工程师、安全副总等人员报告。煤矿应视灾情启动相应的应急救援响应程序。

(7)所在灾难事故单位接到报告后，第一时间通知科、队相关人员，清点灾难事故地点作业人数，并在调度中心集中待命。

3. 注意事项

(1)冒落范围不大时，如有遇险人员被大矸石压住，可用液压千斤项等工具把大块岩石支起后，再将遇险人员救出，切忌生拉硬拽。

(2)清理堵塞物时，要防止伤害遇险人员。在接近遇险人员附近时严禁用镐刨、锤砸等方法破煤(岩)块扒人，要首先清理遇险人员的口鼻堵塞物，畅通呼吸系统。

(3)抢险救援期间不得停止井下压风，以供灾区人员呼吸。

(4)要注意给被抢救出的遇险人员保暖，要迅速转运至安全地点进行创伤检查。要及时在现场开展输氧和人工呼吸、止血、包扎等急救处理，危重伤员要尽快送医院急救。对长期困在井下人员，不要用灯光照射眼睛，饮食要由现场医护人员决定。

(5)要做好灾区现场保护，除救人和处理险情紧急需要外，一般不得破坏现场。

六、供电系统停电事故现场应急处置方案

矿井供电系统主要由系统电源、地面变电站(所)、井下各水平中央变电所、采区变电所及通风、排水、提升、运输等主要系统的供配电设备组成。

1. 事故特征

(1)供电系统停电事故类型

①架空电源线路事故：主要有断线、接地、短路等。

②开关设备电气回路故障：主要有接头发热烧毁、断路器表面污闪放电及缺油爆炸、互感器绝缘击穿、二次回路受潮短路等。

③变压器事故：主要有内部线圈匝间短路、线圈接头断线、引线或绝缘套管间两相线圈短路和铁芯故障等。

④电缆线路事故：主要有单相接地、相间绝缘击穿短路、接线盒相间绝缘击穿短路等。

(2)危险程度分析

以上各类供电事故都有可能使电源开关跳闸，造成全矿井或区域停电，致使通风、排水、提升等用电设备停止运行。若停电时间过长，极易造成瓦斯积聚，可能引起瓦斯窒息，瓦斯与煤尘爆炸，井下火灾等事故。因停电矿井水不能及时排出，可能引起水害事故，均严重威胁矿工人身安全和矿井安全。

(3)事故可能出现的季节

①架空线路及开关跳闸事故多发生于2、3月份或秋冬雾湿和雨季，5—9月的雷雨大风季节。事故原因主要是雾湿使线路绝缘下降，雷电直击架空线路造成断线，绝缘子炸裂，影响变电站内的设备安全，使系统电压超过极限值。大风使电力线路持续大幅摆动和震荡，引起相应闪路跳闸烧伤导线。线路老化使钢芯断蚀、接头松动发热等。

②开关设备电气回路事故多发生于2、3月份或秋冬雾湿和小雨气候季节。事故原因主

要是雾湿使电气设备表面污闪，二次回路受潮短路等，并易造成继电保护或断路器误码动作等。

③变压器事故多发生于夏季用电高峰。事故原因主要是环境气温过高及过负荷使变压器内部元件接头发热、线圈绝缘降低引起闪络及过电压等。

④电缆线路事故一年四季均可能发生。事故原因主要有过负荷使绝缘子老化、雾湿侵入接头内击穿绝缘，外力造成机械损伤等。

(4)事故前可能出现的预兆

①开关设备电气回路事故的预兆主要有雾湿使电气设备表面污闪、二次回路受潮短路等，并易造成继电保护或断路器误伤等。

②变压器事故的预兆主要有环境气温过高及过负荷使变压器内部元件接头发热，线圈绝缘降低引起闪路及过电压等。

③电缆线路事故的预兆主要有过负荷使绝缘老化，雾湿侵入接头内击穿绝缘。

2. 现场应急处置

(1)当井下供电系统事故停电，现场当班值班员迅速查明情况，通知有关人员及时抢修，按照《电力安全规程》进行处理，优先保证矿井主扇风机的供电。如果短时间内无法恢复矿井供电，要及时向矿调度中心汇报，通知各生产单位撤出井下所有作业人员。

(2)事故现场处置人员在断开设备电源进行抢修时，严格执行各项规程的规定，以防事故的扩大。

(3)高压变压器损坏要立即向矿调度中心汇报，由主管业务部门负责根据矿调度中心的指示进行现场指挥和处置。要根据现场实际情况，按照《规程》要求采取隔离措施，确定停电的范围，确保人身和电网安全。要及时向当地电网公司通报事故情况及可能造成的后果，请求协助处理。

(4)正确制定恢复供电实施方案。先逐步恢复未受损伤的部分设备，掌握由外向里逐步恢复供电原则。

(5)如因停电时间较长，要采取如下措施：

①通风系统停风时，调度中心要及时通知井下各作业地点，断电撤人。掘进头要停止局扇运转，风电闭锁要设置到断电位置，人员要撤到地面。

②停风的掘进工作面要设置禁行栅栏，揭示警标，禁止人员入内。

③停风期间，通风科要安排专职瓦斯员检查采区瓦斯情况。瓦检员不得单独行动，要佩带自救器。要向矿调度中心及通风科及时汇报瓦斯超限地点、瓦斯浓度，并作详细记录。

④风机停风时，必须打开主风机的防爆盖，使该风井变为进风井。瓦斯检查员要认真检查各进风大巷、风井回风流的瓦斯情况。发现瓦斯浓度超过 0.5%时，及时通知矿调度中心以便采取措施进行处理。

⑤风机停风期间，要指派专人检查副井、风井梯子间情况。只有在确保安全的情况下，才能允许人员从梯子间撤离。

⑥通风科要做好停电停风后排放瓦斯的准备。

⑦在恢复通风前，瓦检员要认真对各系统进行瓦斯检查。按照《煤矿安全规程》要求，在开启主要通风机前，通风部门要充分考虑采区瓦斯浓度。如总回风瓦斯浓度超过 0.75%，要向公司汇报，并制定安全措施。

⑧各作业地点恢复供电前必须经通风科同意，并同瓦检员进行瓦斯检查，符合《规程》中要求后方可送电。恢复送电必须遵循由外向里，由上向下的送电原则。

3. 注意事项

(1)发生火灾时，在岗人员应立即对初起火源进行扑救，运用电气设备灭火器材扑灭火源。使用灭火器应注意先拉开保险栓，操作者站在上风位置，侧身作业手按压柄，距火点2 m位置对准火源扫射。

(2)在切断电缆电源时，可能会有部分电缆的电源未切除，抢救人员在灭火救援时应与电缆架保持一定距离，防止触电。

(3)使用局部通风机的掘进工作面因停电原因停风时，必须撤出人员，切断工作面电源。恢复通风前必须检查瓦斯浓度，只有在停风区中最高瓦斯浓度不超过1%和最高二氧化碳浓度不超过1.5%，而且在局部通风机及其开关附近10 m内风流中瓦斯浓度不超过0.5%时，才能开启局部通风机。

(4)在高瓦斯矿井的掘进巷道中，当瓦斯浓度超过1.0%时应切断掘进巷道内全部非本质安全型电器设备的电源，当瓦斯浓度小于1.0%时方可恢复供电。

(5)在低瓦斯矿井的掘进巷道中，当瓦斯浓度超过1.5%时，应切断掘进巷道内全部非本质安全性电器设备的电源，当瓦斯浓度小于1.0%时方可恢复供电。

(6)采用串联通风的被串掘进工作面局部通风机前瓦斯浓度超过0.5%时，应切断被串掘进巷道内全部非本质安全型电器设备，当瓦斯浓度小于0.5%时方可恢复供电。

(7)掘进工作面只有在主局部通风机运行时，方可进行作业。在副局部通风机运行期间，掘进工作面无工作电源。只有恢复主局部通风机运行后，掘进工作面才能恢复供电，确保实现风电闭锁。

(8)应直接由变电所(中央或采区变电所)采用专用高压开关、专用变压器、专用电缆向副局部通风机供电。主、副局部通风机线路上不得分接其他负荷。

七、炸药爆炸事故现场应急处置方案预案

1. 事故特征

(1)事故危险性分析

炸药雷管爆炸后会产生高温、高压、有毒有害气体。炸药雷管爆炸会造成人员重大伤亡，机械设备和巷道的严重损坏。爆炸产生的强大冲击波会造成风流逆转，通风系统紊乱，同时也易引起火灾。

(2)事故可能出现的季节

事故出现的季节不明显，全年都有可能发生爆炸事故。

2. 现场应急处置

(1)现场库管人员要立即撤离现场。

(2)第一时间向矿调度中心报告事故地点、现场灾难情况，同时向所在单位报告情况。

(3)切断现场电源，防止产生电火花引起火灾和爆炸。

(4)矿调度中心接到报告后及时向矿值班领导报告，并按矿应急预案程序向矿长、总工程师、安监站长等人员报告。根据灾难事故情况启动相应的应急预案或执行对应的应急程

序，重大事故可越级报告。

(5)事故单位接到报告后，要立即通知单位所有管理和技术人员，立即查清灾难事故地点及附近的人员人数，在矿调度室集中待命。

3. 注意事项

(1)要检查是否已经停电，要绝对避免各种原因引起的静电火花。

(2)要测量爆炸式的有毒有害的气体浓度，注意风流变化，防止二次事故的发生。

(3)救援队员进入灾区探险或救人时一定要计算氧气消耗量，保证有足够的氧气返回。

(4)抢救出的遇险人员，要注意保暖，并迅速运至安全地点进行创伤检查，在现场开展输氧和人工呼吸、止血、包扎等急救处理，危重伤员要尽快送医院治疗。

(5)要做好灾区现场保护，除救人和处理险情紧急需要，一般不得破坏现场。

(6)发生严重事故后，要尽快报告地方政府及时协调交通管理管制，开设应急救援特别通道，最大限度赢取抢险救援时间。

第四章
事故案例分析

通过对近年来发生的事故案例的剖析，掌握各类事故的预防措施，进一步探讨抓好煤矿安全生产各环节的方法，提高对现场隐患的辨识能力，确保煤矿的生产安全。

第一节　瓦斯灾害防治案例

一、四川省宜宾市筠连县钓鱼台煤矿“2·3”重大瓦斯事故

2012年2月3日13时20分，筠连县维新镇钓鱼台煤矿总回风巷与1238机巷垮穿点发生一起重大瓦斯爆炸事故，造成13人死亡，1人下落不明，4人重伤。

(一)矿井基本情况

筠连县维新镇钓鱼台煤矿为9万t的生产矿井，六证齐全有效。矿井许可开采C3、C7、C8煤层，位于二迭系宣威组中上部，煤层倾角9°～16°，平均12°，C3煤层局部可采，平均煤厚为1.07 m，C7、C8煤层全部可采，C7平均煤厚为1.4 m，C8平均煤厚为2.8 m。C3、C7、C8煤层层间距平均为22、1.02 m。矿井瓦斯等级鉴定结果为煤与瓦斯突出矿井，2011年矿井绝对瓦斯涌出量12.184 m^3/min，相对瓦斯涌出量62.05 m^3/t。C7、C8煤层自然发火倾向性等级为Ⅱ类(自燃)，C3煤层自然发火倾向性等级为Ⅲ类(不易自燃)，煤尘均无爆炸危险性。

矿井采用平硐加暗斜井开拓，二个进风井，一个回风井，中央并列抽出式通风，安设2台FBCZ№13/2×45 kW型主要通风机，矿井总回风量1882 m^3/min，矿井分南北两翼布置，两级提升，走向长壁后退式开采。矿井布置1个采煤工作面(12118采煤工作面)，该采煤工作面因井下发火于2012年1月10日封闭；1个掘进工作面(1287回风巷掘进工作面)。矿井地面安装2台2BEA－253－0水环式瓦斯抽放泵，配用45 kW电机，抽采主管Φ200。

(二)事故发生经过

2月3日9时，钓鱼台煤矿带班矿长李家强安排并带领29名工人入井作业。3人负责井下瓦斯检查，2人负责在副轨道下山接水管，并负责启动潜水泵用水浇灭总回风巷与1238机巷垮穿点的发火，4人修复1288轨道下山上车场密闭墙及南翼采区回风巷风桥，4人负责副轨道下山提升及主平硐运输，4人负责避难硐室以上副轨道下山的巷道维修，4人负责1288下山上车场附近巷道的维修，3人负责1288下山水仓附近巷道的维修，3人负责1288下山的提升及平巷运输，2人负责安设瓦斯传感器。12时45分左右，1288轨道下山上车场密闭墙修复完毕，李家强、刘泽洪随即加入南翼采区回风巷风桥的修复。13时20分，井下

发生瓦斯爆炸。

(三)事故直接原因

经初步认定：筠连县维新镇钧鱼台煤矿“2·3”瓦斯事故直接原因为矿井 1288 轨道下山上车场与南翼采区回风巷之间联络巷的密闭墙和南翼采区回风巷风桥损坏，导致 1288 准备区巷道风流短路积聚瓦斯，在修复密闭墙和风桥恢复 1288 准备区巷道通风过程中，积聚瓦斯排放至总回风巷与 1238 采面机巷垮穿点遇煤层自燃发火，火源引起瓦斯爆炸，导致事故发生。

(四)事故教训

1. 通风系统管理不到位

矿井通风设施构筑质量差，日常检查及管理不到位，密闭及风桥受矿压影响损坏后未及时修复，导致矿井通风系统破坏，风流短路造成局部瓦斯积聚；矿井调整通风系统和排放瓦斯不制定专门措施，不按规定实施警戒，不执行限量排放规定，致使 1288 采面恢复通风排放瓦斯时爆炸浓度的瓦斯直接排放至总回风巷发火点引起瓦斯爆炸；矿井引风道采用单砖砌垒，强度低，受爆炸冲击后严重垮塌，造成全矿井通风系统瘫痪，无法及时恢复矿井通风，导致事故扩大。

2. 防灭火检查管理及火区处置措施不到位

矿井一年内自然发火多达 11 次，未建立综合防灭火检查管理制度，对煤层自燃发火不能实施有效监控和早期预测；矿井火区处置措施手段单一，综合防灭火措施不到位，未采取科学手段彻底有效治理火区，仅仅采用直接灭火，很难彻底有效熄灭火源，井下埋下明火火源隐患；矿井灾害处理不按规定制定措施，不实施警戒，工作安排混乱，遍地开花，火区未处理前就调整通风系统排放瓦斯，直接导致事故发生。

3. 采掘部署不合理

矿井自燃发火严重，而主要进回风巷布置在煤层中，其中采区回风巷和副轨道下山部分巷道布置在自然发火威胁最大的 C7 煤层中，不采取任何封闭裸露煤体的措施，造成巷道煤壁自燃发火严重；矿井为煤与瓦斯突出矿井，开采顺序不合理，C3 煤层位于 C7、C8 上部，其层间距22 m，未采取将 C3 煤层作为保护层开采的区域防突措施，直接开采 C8 煤层，C7 煤层随 C8 煤层开采后全部冒落至采空区，导致采煤工作面经常发火。

4. 监测监控、压风自救系统管理不到位

矿井 1 月 5 日拆除部分传感器，1 月 15 日后又关闭井下监测监控系统，导致井下瓦斯积聚和自然发火未得到有效监控；矿井利用联络巷做避灾硐室，爆炸时严重损坏，矿井内压风自救系统不完善，发生灾害当班地面未开启压风，未起到压风自救作用。

5. 安全培训不力，职工自救互救能力差

矿井没有对井下作业人员进行自救器使用培训，没有督促入井人员随身携带自救器，发生事故后，大部分受威胁的工人没有佩戴自救器撤离，直接大量呼入爆炸后产生的有毒有害气体中毒，导致事故扩大。

(五)防范措施

1. 合理采掘布局

煤与瓦斯突出矿井、具自然发火威胁矿井及矿压显现严重的矿井，矿井及采区的主要巷道应布置在稳定的岩层中；近距离煤层应坚持由上而下的保护层开采顺序，坚持正规后退式回采，减少煤柱留设和采空区浮煤丢失。

2. 强化通风系统管理

加强通风巷道检查维护，保证通风系统可靠畅通；加强通风设施施工质量及检查维护管理，保证通风系统稳定可靠；加强调整通风系统及启封排放瓦斯管理，保证措施到位。

3. 加强防灭火管理

日常防灭火检查到位，加强对矿井采掘工作面、封闭区、煤层通风巷道一氧化碳及温度检查，及时早期发现和处理煤层自然发火征兆；采取均压、预防性注(喷)浆、喷洒阻化剂、灌注隋性气体等综合防灭火措施，有效控制和处理煤层自然发火。

4. 加大投入提高装备水平

加强矿井安全监控、压风自救、防火防尘等安全设施的系统建设，按规定配齐便携式瓦检仪、一氧化碳检定器、温度检定器等检查仪表及相应安全装备，提高矿井防灾抗灾能力。

5. 强化教育培训

加强作业人员安全生产培训，提高自救、互救能力。

6. 严格安全质量标准化建设

认真落实安全质量标准化评估制度，坚持严格的质量标准化奖惩制度，强化安全质量标准化基井管理人员及职工安全教育培训力度，提高安全生产防范意识和业务操作技能，做到按章操作，减少“三违”行为，切实提高工程和工作质量，提升安全标准化和安全管理水平。

二、吉煤集团八宝煤矿“3·29”特别重大瓦斯爆炸事故

2013 年 3 月 29 日 21 时 56 分，吉林省吉煤集团通化矿业集团公司八宝煤业公司(以下简称八宝煤矿)发生特别重大瓦斯爆炸事故，造成 36 人遇难(企业瞒报遇难人数 7 人，经群众举报后核实)、12 人受伤，直接经济损失 4708.9 万元。

(一)矿井基本情况

1. 矿井概况

八宝煤矿隶属于吉林省煤业集团有限公司(以下简称吉煤集团)通化矿业(集团)有限责任公司(以下简称通化矿业公司)。吉煤集团是吉林省属国有独资企业，法定代表人为董事长袁玉清。

八宝煤矿为原通化矿务局砟子煤矿，2004 年更名为松树镇煤矿八宝采区，2007 年进行改扩建时，更名为吉林八宝煤业有限责任公司。该矿工商营业执照、煤炭生产许可证、安全生产许可证、矿长资格证和矿长安全资格证均在有效期内，采矿许可证的企业名称未变更，仍为通化矿务局松树镇煤矿八宝采区。

2. 矿井煤层赋存和开采情况

八宝煤矿有 6 个可采煤层，煤层自然发火倾向性等级均为 II 类，属自燃煤层，为高瓦斯矿井，煤尘具有爆炸危险性。

该矿采用立井开拓，共有 5 个井筒，发生事故前有 5 个生产采区(其中 1 个综采区和 4 个水采区)。该矿目前最深开拓标高已达到－780 米水平，超出采矿许可证许可的－600 m 水平。

事故发生在－416 采区－4164 东水采工作面上区段采空区。－416 采区工作面采用自然垮落法管理顶板，埋管抽放采空区瓦斯。

3. 生产能力核定情况

2010 年 12 月，八宝煤矿经改扩建竣工后，生产能力由 120 万 t/a 扩至 180 万 t/a。2011 年，吉煤集团申请重新核定包括该矿在内的 7 处煤矿生产能力。同年 10 月，吉林省人民政府召开专题会议，要求省能源局会同相关部门对吉煤集团申请事项进行重新核定。同年 12 月，吉林省能源局违反《关于进一步加强煤矿建设项目安全管理的通知》(发改能源〔2010〕709 号)“改扩建煤矿项目投产后 5 年内不得通过能力核定来提高生产能力”的规定，违规核定批复该矿生产能力由 180 万 t/a 提高到 300 万 t/a。在事故发生时，井下有 5 个采区、5 个采煤工作面、24 个掘进工作面。

4. －416 采区防灭火管理情况

八宝煤矿采用采后封闭注惰气防止煤层自然发火。由于煤层倾角大(55°左右)，留设的 6 m宽区段隔离煤柱在工作面回采后垮落，导致上下区段采空区相通，不能起到有效隔离采空区的作用；－250 石门密闭附近巷道压力大，密闭周边存在裂隙，导致向采空区漏风；该区域在封闭采空区后仅注过一次氮气，未根据采空区内氧气含量上升的异常情况及时补充注氮，且没有采取灌浆措施；该矿采区防灭火设计中要求－416 采区回采前要在－380 人风石门和－315 回风石门预先构筑防火门，为采区着火时能够及时阻断风流、封闭火区，以防止灾区范围扩大，但该矿回采前未按规定预先构筑防火门。

5. 瓦斯抽采情况

该矿为高瓦斯矿井，地面建有永久抽采泵站，抽采泵型号为 SKA－720 型，功率710 kW，最大流量 570 (m^3/min)。在－416 采区采用回风巷埋管抽放采空区瓦斯。

(二)事故发生经过、抢险救援和瞒报死亡人数核查情况

1.“3 · 29”事故发生经过和抢险救援情况

2013 年 3 月 28 日 16 时左右，－416 采区附近采空区发生瓦斯爆炸，该矿采取了在－416采区－380 石门密闭外再加一道密闭和新构筑－315 石门密闭两项措施。29 日 14 时 55 分，－416 采区附近采空区发生第二次瓦斯爆炸，新构筑密闭被破坏，－416 采区－250 石门一氧化碳传感器报警，该采区人员撤出。通化矿业公司总工程师宁连江、副总工程师陈维良接到报告后赶赴八宝煤矿，研究决定在－315、－380 石门及东一、东二、东三分层顺槽施工 5 处密闭。16 时 59 分，宁连江、陈维良带领救护队员和工人到－416 采区进行密闭作业。19 时 30 分左右，－416 采区附近采空区发生第三次瓦斯爆炸，作业人员慌乱撤至井底(其中有 6 名密闭工升井，坚决拒绝再冒险作业)。以上 3 次瓦斯爆炸事故均发生在－416 采区－4164 东水采工作面上区段采空区，未造成人员伤亡。该矿不仅没有按规定上报并撤出

作业人员，且仍然决定继续在该区域施工密闭。21时左右，井下现场指挥人员强令施工人员再次返回实施密闭施工作业，21时56分，该采空区发生第四次瓦斯爆炸，该矿才通知井下停产撤人并向政府有关部门报告，此时全矿井下共有367人，共有332人自行升井和经救援升井，截至30日13时左右井下搜救工作结束，事故共造成36人死亡(其中1人于3月31日在医院经抢救无效死亡)。通化矿业公司为逃避国家调查，只上报28人遇难，隐瞒7名遇难人员不报。

2."4·1"事故发生经过和抢险救援情况

"3·29"事故搜救工作结束后，鉴于井下已无人员，且灾情严重，吉林省人民政府和国家安全监管总局工作组要求吉煤集团聘请省内外专家对井下灾区进行认真分析，制定安全可靠的灭火方案，并决定未经省人民政府同意，任何人不得下井作业。4月1日7时50分，监控人员通过传感器发现八宝煤矿井下－416采区一氧化碳浓度迅速升高，通化矿业公司常务副总经理王升宇召集副总经理李成敏、王立和八宝煤矿副矿长王清发等人商议后，违抗吉林省人民政府关于严禁一切人员下井作业的指令，擅自决定派人员下井作业。9时20分，通化矿业公司驻矿安监处长王玉波和王清发分别带领救护队员下井，到－400大巷和－315石门实施挂风障措施，以阻挡风流，控制火情。10时12分，该区附近采空区发生第五次瓦斯爆炸，此时共有76人在井下作业，经抢险救援59人生还(其中8人受伤)，发现6人遇难并将遗体搬运出井，井下尚有11人未找到，事故共造成17人死亡、8人受伤。

鉴于该矿井下火区在逐步扩大，有再次发生瓦斯爆炸的危险，经专家组反复论证，吉林省人民政府决定采取先灭火后搜寻的处置方案。4月3日8时10分左右又发生第六次瓦斯爆炸，由于没有人员再下井，未造成新的伤亡。

3. 瞒报事故死亡人数以及核查情况

3月30日上午，通化矿业公司董事长兼总经理赵显文、常务副总经理王升宇和八宝煤矿总经理韩成录先后知道"3·29"事故实际井下当时死亡人数达到35人的情况下，赵显文决定隐瞒事故真实死亡人数，并于当日下午向新闻媒体宣布"3·29"事故造成28人死亡、13人受伤。

(1)瞒报经过

30日凌晨3时左右，通化矿业公司副总经理李成敏依据已搜寻到的28具遇难者遗体，向随后赶到井下的吉煤集团董事长袁玉清报告共发现28人死亡、13人获救升井的情况。凌晨4时30分左右，袁玉清据此向吉林省人民政府领导同志和国家安全监管总局工作组报告有关情况。6时左右，李成敏在井下经过反复勘察核对，发现前期搜寻到的遇难者遗体中有2具未被统计，确认此时已搜寻到30具遇难者遗体，随后向王升宇作了汇报。同时，韩成录等人经核对人数后发现井下应该有5人还未找到，向赵显文作了汇报。赵显文随即组织人员再次入井搜寻，至13时又找到了5具遇难者遗体。

按照赵显文的意见，韩成录等八宝煤矿负责人选择容易做通家属工作的吴非等7人作为瞒报对象。30日20时左右，赵显文责成韩成录想办法为瞒报的7名遇难人员办理火化手续。韩成录通过中间人张玉莲，委托当地太平间经营者陈毅造假办理了7人的死亡证明并火化了尸体。事后，韩成录将有关资料交由该矿财务科与遇难者家属协商私了赔偿等事宜。此外，白山市公安局刑警支队在对遇难者遗体尸检过程中，该局副局长丁倍臣和刑警支队支队长金光军于4月1日知道了事故真实死亡人数，均未向上级领导和有关部门报告。

(2)核查情况

4 月 5 日晚，吉林省前期事故调查组接到群众举报电话，提供了被瞒报的 5 名死亡人员名单。同时，国家安全监管总局也接到了举报电话，随即要求吉林省人民政府再次全面核查事故伤亡情况。吉林省人民政府立即组织人员对两起事故的死亡和受伤人员分别进行核对。6 日 11 时 50 分，经吉林省人民政府核实，确认企业在“3·29”事故中瞒报死亡人数 7 人，实际死亡人数为 36 人。

(3)其他情况

经进一步调查，八宝煤矿在 2012 年还瞒报了 5 起人员伤亡事故(共死亡 6 人)，均通过私下向死者家属赔偿和伪造死亡证明的方式进行火化处理。

4. 善后处理情况

按照国务院领导同志的要求，吉林省、白山市人民政府以及吉煤集团、通化矿业公司认真开展伤员救治、遇难矿工家属的安抚和赔偿工作。目前，20 名伤员仍在医院接受治疗，伤情稳定，正在恢复之中；遇难矿工善后事宜已处理完毕。

(三)事故原因和性质

1. 事故直接原因

八宝煤矿忽视防灭火管理工作，措施严重不落实，－4164 东水采工作面上区段采空区漏风，煤炭自燃发火，引起采空区瓦斯爆炸，爆炸产生的冲击波和大量有毒有害气体造成人员伤亡。

2. 事故间接原因

(1)企业安全生产主体责任不落实，严重违章指挥、违规作业。

①八宝煤矿对井下采空区的防灭火措施不落实，管理不得力。一是采空区相通。该矿－416采区急倾斜煤层的区段煤柱预留不合理，开采后即垮落，不能起到有效隔离采空区的作用，导致上下区段采空区相通，向上部的老采空区漏风。二是密闭漏风。由于巷道压力大，造成－250 石门密闭出现裂隙，导致漏风。三是防灭火措施未落实。没有采取灌浆措施，仅在封闭采空区后注过一次氮气，没有根据采空区内气体变化情况再及时补充注氮，导致注氮效果无法满足防火要求。四是未设置防火门。该矿违反《煤矿安全规程》规定，没有在－416采区预先设置防火门。

②八宝煤矿及通化矿业公司在连续 3 次发生瓦斯爆炸的情况下，违规施工密闭。一是违反规程规定进行应急处置。第一次瓦斯爆炸后，该矿在安全隐患未消除的情况下仍冒险组织生产作业；第二次瓦斯爆炸后，该矿才向通化矿业公司报告。二是处置方案错误，违规施工密闭。通化矿业公司未制定科学安全的封闭方案，而是以少影响生产为前提，尽量缩小封闭区域，在危险区域内施工密闭，且在没有充分准备施工材料的情况下，安排大量人员同时施工 5 处密闭，延长了作业时间，致使人员长时间滞留危险区。三是施工组织混乱。该矿施工组织混乱无序，未向作业人员告知作业场所的危险性。四是强令工人冒险作业。第三次瓦斯爆炸后，部分工人已经逃离危险区，但现场指挥人员不仅没有采取措施撤人，而且强令工人返回危险区域继续作业，并从地面再次调人入井参加作业。

③通化矿业公司违抗吉林省人民政府关于严禁一切人员下井作业的指令，擅自决定并组织人员下井冒险作业，再次造成重大人员伤亡事故。

④吉煤集团对通化矿业公司的安全管理不力。未认真检查通化矿业公司和八宝煤矿的“一通三防”工作，对该矿未严格执行采空区防灭火技术措施的安全隐患失察，不认真落实防灭火措施，导致了事故的发生；违规申请提高八宝煤矿的生产能力。

(2)地方政府的安全生产监管责任不落实，相关部门未认真履行对八宝煤矿的安全生产监管职责。

①白山市安全生产监督管理局落实省属煤矿安全监管工作不得力，对八宝煤矿未严格执行采空区防灭火技术措施等安全隐患失察。

②白山市国土资源局组织开展矿产资源开发利用和保护工作不得力，未依法处理八宝煤矿越界开采的违法问题，并违规通过该矿采矿许可证的年检。

③白山市人民政府贯彻落实国家有关煤矿安全生产法律法规不到位，未认真督促检查白山市安全生产监督管理局等部门履行省属煤矿安全监管职责的情况。

④吉林省安全生产监督管理局组织开展省属煤矿安全监管工作不到位，将省属煤矿下放市(地)一级监管后，未认真指导和监督检查白山市安全生产监督管理局履行监管职责的情况，且对吉煤集团的安全生产工作监督检查不到位。

⑤吉林省能源局违规开展矿井生产能力核定工作，未认真执行关于煤矿建设项目安全管理的规定和煤矿生产能力核定标准，违规同意八宝煤矿生产能力由180万t/a提高至300万t/a。

⑥吉林省人民政府对煤矿安全生产工作重视不够，对省政府相关部门履行监督职责督促检查不到位，对吉煤集团盲目扩能的要求未科学论证。

(3)煤矿安全监察机构安全监察工作不到位。

吉林煤矿安全监察局及其白山监察分局组织开展煤矿安全监察工作不到位，对白山市安全生产监督管理局履行省属煤矿安全监管职责的情况监督检查不到位，对吉煤集团及八宝煤矿的安全监察工作不到位。

3. 事故性质

经调查认定，吉林省吉煤集团通化矿业集团公司八宝煤业公司“3·29”特别重大瓦斯爆炸事故和“4·1”重大瓦斯爆炸事故均为责任事故。

(四)对事故有关责任人员及责任单位的处理建议(略)

(五)事故防范措施和建议

1. 要牢固树立和落实科学发展观，牢牢坚守安全生产红线

吉林省、白山市人民政府和吉煤集团要认真吸取八宝煤矿血的事故教训，坚决贯彻落实党中央、国务院关于加强安全生产工作的重大决策部署和习近平总书记、李克强总理等中央领导同志的一系列重要指示精神，坚决执行安全生产特别是煤矿安全生产法律法规，牢固树立和落实科学发展观，牢固树立以人为本、安全第一、生命至上的安全发展理念，牢固树立正确的政绩观和业绩观，认真实施安全发展战略，摆正生命与生产、生命与矿井、生命与效益、安全与发展的关系，坚持发展以安全为前提和保障，决不能以牺牲人的生命为代价来换取经济和企业的发展。要把安全生产尤其是煤矿安全生产纳入经济社会和企业发展的全局中去谋划、部署、落实，加强领导、落实责任、强化措施、统筹推进，健全体制、完善机制、强化法制、落实政策，突出重点、深化整治、夯实基础、全面提升，从根本上改善煤矿安全生产条件，提高安全保障能力。同时，要严格认真落实《煤矿矿长保护矿工生命安全七条规定》(国家安全监管总局令第 58 号)，切实做到铁七条、刚执行、全覆盖、真落实、见实效。要针对制约煤矿安全生产的长期性、复杂性和深层次矛盾问题，坚决落实煤矿安全七项攻坚举措，下大决心、攻坚克难，真关实治、解决问题，不断提高煤矿安全生产水平，确保安全生产。

2. 要切实落实煤矿企业安全生产主体责任，严格禁止违章指挥、违章作业行为

吉煤集团及所有煤矿企业要在全面落实企业安全生产法定代表人负责制的基础上，建立健全安全管理机构，完善并严格执行以安全生产责任制为重点的各项规章制度，切实加强全员、全方位、全过程的精细化管理，把安全生产责任层层落实到区队、班组和每个生产环节、每个工作岗位。要加强对员工的安全教育与培训，增强职工维权意识，向作业人员如实告知作业场所和工作岗位存在的危险因素、防范措施以及事故应急措施。要加强煤矿安全质量标准化建设，依法提取和使用安全费用，加大安全投入，完善井下安全避险“六大系统”，加强对重大危险源的监控；要采取坚决而有力有效的措施，加强企业内部的劳动、生产、技术、设备等专业管理；要严格落实煤矿企业领导干部带班下井制度，强化现场管理，严禁违章指挥、严查违章作业；要经常性开展安全隐患排查，并切实做到整改措施、责任、资金、时限和预案“五到位”，及时消除治理重大隐患。尤其是国有煤炭企业，要带头落实安全生产主体责任，自觉接受当地政府的安全管理和监督，严禁迟报、谎报、瞒报事故及伤亡人数。

3. 要切实履行好政府及相关部门的安全监管监察职责，加强煤矿安全监管监察工作

吉林省、白山市人民政府及其煤炭行业管理部门、安全监管部门以及国土资源等负有安全生产监管职责的有关部门，要坚持“谁主管谁负责”、“谁发证谁负责”和管行业必须管安全的原则，认真履行职责、严格进行把关，深入基层、深入现场，加大执法力度，深入开展“打非治违”工作，认真整治煤矿安全生产中的突出问题，发现企业存在重大隐患却不治理的，要进行追责。尤其是针对吉煤集团下属的八宝煤矿等 7 个煤矿在 2011 年违规提高核定生产能力的问题，吉林省人民政府要组织有关部门，重新对吉煤集团下属的 7 个煤矿的生产能力进行核定，严禁超能力组织生产；针对八宝煤矿存在越界开采的问题，国土资源管理部门要加强矿产资源管理，严格采矿许可证审核和年检。同时，地方政府要依法履行好属地管理职责，监督有关部门认真履行安全监管职责，监督煤矿企业切实落实安全生产主体责任，搞好安全生产工作。各级煤矿安全监察机构要充分发挥国家煤矿安全监察机构的作用，监督企业和地方政府及其相关部门切实做好煤矿安全生产工作，确保全省煤矿安全生产形势稳定，推进煤炭工业安全健康发展。

4. 要切实突出重点，加强煤矿瓦斯治理和防灭火管理

吉煤集团和所有煤矿企业要切实突出安全生产重点，加强“一通三防”管理。要筑牢思想防线，教育引导员工，人人都做安监员。瓦斯治理要做到“先抽后采、抽采达标”，严禁瓦斯超限作业。在开采容易自燃煤层和自燃煤层时，必须制定和落实灌浆、注惰气等综合防灭火措施，必须在作业规程中明确注惰气时间、注惰气量和防灭火效果检验手段，连续监测采空区气体成分变化，发现问题，及时处理，确保不发生煤炭自燃发火。要按规定构筑防火门，并及时封严采空区并加强检查，防止漏风；要合理确定矿井煤层的自燃发火预测预报指标气体的发火预警临界值，当井下发现明显自燃发火预兆或预警指标超过临界值时，必须停止作业、撤出井下人员。对八宝煤矿的灭火效果要进行监测分析，科学地论证启封时间，科学地制定启封方案，严防火区复燃再次发生事故。

5. 要切实规范和强化应急管理，提高事故应急处置能力

吉煤集团和所有煤矿企业以及吉林省、白山市人民政府及其有关部门，要深刻吸取八宝煤矿处置井下火区时违规施工密闭、强令工人冒险作业、现场应急组织混乱等沉痛教训，建立健全煤层自然发火的应急管理规章制度，加强应急队伍建设，加大应急投入，配备必要的应急物资、装备和设施，制定和完善应急预案，一旦发现险情或发生事故，要严格按照有关规程、规范和应急预案，以安全可靠的原则进行应急处置，安全有力有效地组织施救，严禁违章指挥、严禁冒险作业、严禁盲目施救。抢险救援指挥部要充分掌握事故灾害情况，科学制定救援方案，严格守住井口、严密保护现场、严控下井人员，尤其是严禁违反《矿山救护规程》派救护队员冒险施救。要组织开展有针对性的应急知识培训，根据生产特点和生产过程中的危险因素，开展经常性的应急演练，切实提高从业人员的应急意识和自救互救能力、应急处置能力。

6. 要扎实开展彻底地安全生产大检查，务求取得实效

吉林省、白山市和吉煤集团及所有煤矿企业要按照全覆盖、零容忍、严执法、重实效的总要求，全面深入开展安全生产大检查，通过明查暗访、组织专家检查、地区与企业之间互查、企业员工日常自查等方式和途径，及时全面彻底地排查企业各类安全生产隐患和存在的各种安全问题，强化安全措施，及时消除各类隐患，解决存在的问题，堵塞安全漏洞。要加强组织领导，落实工作责任，创新检查手段，确保取得实效，有效防范和坚决遏制重特大事故发生。

第二节　水灾防治案例

一、吉林省蛟河市丰兴煤矿“4·6”重大透水事故

2012 年 4 月 6 日 9 时 55 分，吉林省蛟河市丰兴煤矿井下南一上顺＋40 m标高掘进工作面发生一起重大透水事故，造成 12 人死亡，直接经济损失 1370 万元。

事故发生后，国务院领导高度重视，国务委员马凯作出重要批示，要求全力解救被困人员。国家安监总局局长骆琳，国家安监总局副局长、国家煤矿安监局局长付建华立即研究部署事故救援工作，派出由国家煤矿安监局副局长黄玉治带领的事故救援督导工作组及时赶赴事故现场指导抢险救援工作。吉林省委书记孙政才、省长王儒林、副省长王祖继分别作出批示，要求全力进行施救，千方百计抢救被困人员，防止发生次生事故。副省长王祖继立即带领相关部门负责同志及时赶赴事故现场，指挥事故抢险救援工作。4 月 7 日，省长王儒林从外地紧急赶赴事故现场，听取事故抢险救援汇报，就事故抢险救援、家属安抚和事故调查工作作出重要指示。

根据《煤矿安全监察条例》(国务院令第 296 号)、《生产安全事故报告和调查处理条例》(国务院令第 493 号)等有关法律法规规定，4 月 17 日依法成立了以吉林煤矿安全监察局局

长商登莹为组长，由吉林煤矿安监局和吉林省监察厅、安监局、公安厅、总工会、吉林市政府相关人员组成的事故调查组，并邀请吉林省人民检察院派员参加，依法对事故开展调查。

事故调查组通过现场勘察、调查取证和技术鉴定，查清了事故发生的经过和原因，认定了事故性质和责任，提出了对有关责任人员、责任单位的处理建议和事故防范措施。现将有关情况报告如下：

(一)矿井基本情况

1. 矿井概况

丰兴煤矿位于蛟河市拉法镇，原为蛟河市国有地方煤矿，1985 年开始建设，1996 年 3 月企业由地方国有煤矿改制为私营企业，并更名为蛟河市丰兴煤矿。2008 年 9 月丰兴煤矿转为股份制经营。该矿改制后(法定代表人未按规定及时进行变更，而且是挂名)，一直负责改制前原地方国有煤矿 150 名工人和 20 名工伤人员的工资等费用。该矿 2008 年 10 月提出进行矿井技术改造，有关部门于 2008 年 12 月底前先后批复了《蛟河市丰兴煤矿矿井技术改造初步设计》和《蛟河市丰兴煤矿矿井技术改造初步设计安全专篇》，矿井设计能力 6 万 t/a(改造前核定能力为 4 万 t/a)。2011 年 12 月 13 日，矿井先后经过有关部门验收，取得了相关证照，转为正常生产矿井，事故发生前，该矿采矿许可证、安全生产许可证、煤炭生产许可证、工商营业执照、矿长资格证、矿长安全资格证均在有效期内。

矿井采用斜井片盘式开拓，中央并列抽出式通风，双回路供电。该矿井田水文地质条件属中等类型，矿井正常涌水量为 40～60 m^3/h，最大涌水量100 m^3/h。该矿井为两段排水，主排水泵房设在主井底＋108 m水平，安装有 MD150－30×8 水泵 3 台，辅设两趟 $\Phi159$ 无缝钢管排水管路，将水从主泵房排至地面(＋324.8 m 标高)。＋108 m 标高以下设有临时排水系统。

该矿现有职工 217 人，分 3 班作业。

2. 事故区域情况

透水事故发生在运输下山＋40 m 标高南一上顺槽掘进工作面，煤层厚度 2～3 m，煤层倾角 6°～15°。该掘进工作面于 2012 年 2 月 1 日开工掘进，锚杆支护，打眼放炮掘进，人力推车。该巷道设计长度 400 m，至事故发生时已掘进 188.4 m。除透水事故工作面外，事故区域还安排有 3 个掘进工作面，均在透水点标高以下，分别为运输下山＋25 m标高南二下顺槽掘进工作面、运输下山＋16 m 标高掘进工作面、回风下山＋17 m标高掘进工作面。

＋40 m 标高南一上顺槽在掘进过程中没有涌水，在其上部有一已开采多年的采空区，留设了 40 m 防水煤柱。在该巷道掘进施工初期，在＋38.3 m 距车场 30 m 处打了 2 个探放水钻，共放水约 8000 m^3。

(二)事故发生和抢险救援经过

1. 事故发生经过

4 月 6 日白班，全矿入井作业人员共 70 人。其中，＋40 m 标高南一上顺槽出勤 5 人，运输下山掘进面出勤 8 人(含 1 名电工)，回风下山掘进面出勤 6 人 ，＋25 m标高南二下顺槽无人作业。该矿当班带班矿领导为矿长王化祥。

＋40 m 标高南一上顺槽掘进工作面作业人员在班长李云涛的带领下，8 时入井，入井后留 1 人在＋38.3 m 标高的运输下山车场倒车，李云涛等 4 人进入工作面作业。在打了 11 个炮眼、放了 6 个掏槽眼后，李云涛在打靠右帮的顶眼时，发现右帮已装完药的辅助眼(在右帮中部)向外淌水，就大声喊“跑”，4 人跑出约 20～30 m 后，听到掘进面有轰隆声，透水事故发生了。

2. 事故抢险救援经过

透水事故发生后，李云涛等 4 人快速跑到＋40 m 标高南一上顺槽与回风下山联络巷处，碰到机电矿长孙希祥、通风负责人高国财，刚汇报完，这时水就已经跟过来了。于是，他们一起撤到＋38.3 m 标高回风下山，看到回风下山＋36 m 标高探煤巷口的 2 名倒车工，告诉他们立即撤离，这时水又跟过来了，他们就顺回风下山往上撤。撤到＋108 m 运输大巷时，碰到矿长王化祥和技术矿长刘明星，对透水情况进行了汇报。然后，李云涛、孙希祥、王化祥、刘明星 4 人沿运输下山往下边走边查看情况，这时，水已经淹没＋38.3 m 标高联络巷，王化祥和刘明星随后安排全井撤人，清点人数后发现 12 人失踪，该矿立即向蛟河市煤炭管理局报告了事故。

吉林市、蛟河市两级党委、政府及有关部门接到事故报告后，立即启动应急预案，成立抢险救援指挥部，主要领导靠前指挥、全力组织、科学施救，抢险救援工作紧张、有序运行。至 4 月 15 日 23 时 10 分，累计排水 59000 m^3，水位标高由＋78.3 m 下降至＋21.9 m，12 名遇难人员遗体全部找到，抢险救援工作结束。

当地政府积极开展善后工作，迅速落实相关政策，遇难矿工家属得到妥善安抚，保持了社会稳定。

(三)事故原因及性质

1. 事故直接原因

矿井未准确掌握原老空区下限位置，＋40 m 标高南一上顺槽掘进工作面巷道测量出现偏差，致使在图纸上标注的 40 m 防隔水煤柱实际上已经不存在，导致巷道掘进过程中掘透老空积水；安排作业人员在受水害威胁区域的下部区域作业，致使透水事故发生后人员无法逃生。

2. 事故间接原因

(1)丰兴煤矿探放水工作存在明显漏洞。该矿违反《煤矿防治水规定》，在初次探放＋40 m标高南一上顺槽掘进工作面上部采空区积水前没有准确估计积水量，在初次放水近 8000 m^3后，未对放水效果进行总结评估，没有掌握探放水实际效果就盲目安排掘进；编制的掘进施工探水钻孔措施违背《煤矿防治水规定》要求，只打 2 个探水钻孔循环前进，没有按规定在平面和竖面形成扇形布设，满足不了探放水效果要求，致使在掘进过程中掘透老空积水；没有按照编制的《南一上顺槽＋40 m 标高打钻放水设计》在 180 m 位置打钻放水，致使该巷道在掘进到 188.4 m 时掘透老空积水。

(2) 丰兴煤矿技术管理存在严重问题。一方面该矿未能准确掌握矿井老空位置、积水区间和水量等矿井水文地质资料，实际采空区下限比图上标注的要低；另一方面在巷道上部有积水的情况下，一直采用罗盘仪对＋40 m 标高南一上顺槽进行测量，没有及时用经纬仪进行复测，造成矿井在测量工作中出现重大偏差，实际工作面位置比图上档注位置向采空区一侧偏差平距达 24 m。由于这两方面的问题，导致在图纸上标注的 40 m 煤柱实际上已经不存在，致使+40 m南一上顺槽掘进工作面施工时透老空区。

(3)丰兴煤矿冒险组织生产。该矿没有执行“预测预报、有疑必探、先探后掘、先治后采”的防治水工作原则，在明知上部采空区有积水的情况下，没有及时采取措施有效治理，急于组织生产，安排人员在受水害威胁区域的下部区域作业，致使发生透水事故后，人员无法撤离。

(4)丰兴煤矿防治水管理工作不到位。矿井虽然成立了防治水机构，但没有真正承担起防治水工作责任，且专业技术人员配备力量不足，防治水领导小组的多数成员不清楚防治水工作职责，防治水责任制没有落到实处；探放水措施和作业规程贯彻不到位，矿井部分管理人员不知道作业规程和探放水措施的相关内容，没有按规定对探放水工作进行检查和管理；忽视安全培训工作，安排无证人员进行探放水作业。

(5)当地政府及煤矿安全监管部门监督管理不到位。蛟河市煤炭管理局其内部机构设置和人员配备职责不清，落实上级有关煤矿安全生产工作要求不到位，未严格执行监管计划，对丰兴煤矿监督检查不到位，对防治水重大隐患失察。蛟河市政府在监督职能部门履行煤矿安全监管职能上工作力度不够，落实上级有关煤矿安全工作要求不到位。

3. 事故性质

经调查认定，这是一起责任事故。

(四)责任划分及处理建议

1. 建议追究法律责任的人员

(1)刘明星，丰兴煤矿技术矿长，负责矿井技术和防治水管理工作。违反《煤矿防治水规定》，在初次探放+40 m标高南一上顺槽掘进工作上部采空区积水前，没有准确估计积水量，在放水近8000 m^{3}后，未对放水效果进行总结评估，在不掌握探实际放水效果的情况下就盲目安排掘进；编制的掘进施工探水钻孔措施严重违背《煤矿防治水规定》要求，只打两个探水钻孔循环前进，没有按规定在平面和竖面形成扇形布设，满足不了探放水效果要求；没有按照编制的《南一上顺槽+40 m标高打钻防水设计》在180 m处打钻放水；未能准确掌握矿井老空位置，测量工作中出现重大偏差。对事故发生负有主要责任，建议移送司法机关依法处理，吊销其安全管理人员资格证书。

(2)王化祥，丰兴煤矿矿长(2012年3月18日任职)，同时代理行使安全副矿长职责，负责矿井安全生产全面工作，事故当班带班矿领导。没有执行“预测预报、有疑必探、先探后掘、先治后采”的防治水工作原则，在明知上部采空区有积水的情况下，没有及时采取措施治理，急于组织生产，安排人员在受水害威胁区域的下部区域作业，致使发生透水事故后，人员无法撤离；矿井虽然成立了防治水机，但没有承担起防治水工作责任，防治水领导小组成员不清楚防治水工作职责，防治水责任制没有落到实处；探放水措施和作业规程贯彻不到位，矿井部分管理人员不知道作业规程和探放水措施的相关内容，没有按规定对探放水工作进行检查和管理；忽视安全培训工作，安排无证人员进行探放水作业。对事故发生负有主要责任，建议移送司法机关依法处理，吊销其主要负责人安全资格证书和矿长资格证书，终身不得担任煤矿矿长。

(3)党国政，中共党员，丰兴煤矿股东之一，代表主要投资人负责管理包括丰兴煤矿在内的三个煤矿(2012年3月18日前兼任丰兴煤矿矿长)。没有执行“预测预报、有疑必探、先探后掘、先治后采"的防治水工作原则，在明知上部采空区有积水的情况下，没有及时采取措施治理，急于组织生产，安排人员在受水害威胁区域的下部区域作业，致使发生透水事故后，人员无法撤离；作为丰兴煤矿防治水领导小组组长，未能将防治水工作职责，防治水责任落到实处。对事故的发生负有主要责任，建议移送司法机关依法处理，吊销其主要负责人安全资格证书和矿长资格证书，终身不得担任煤矿矿长，待司法机关作出处理后，再由有关部门给予相应的党纪处分。

2. 建议给予行政处罚人员

(1)高国财，丰兴煤矿通风负责人，防治水领导小组副组长，具体负责矿井探放水工作。作为丰兴煤矿防治水具体工作负责人，探放水设计和作业规程贯彻落实不到位，没有对探放水工作进行检查和管理。对事故发生负有重要责任，依据《安全生产违法行为行政处罚办法》(安监总局令第15号)第四十四条第一款第一项规定，建议对其实施经济处罚5000元。

(2)关世祥，丰兴煤矿生产副矿长，负责矿井生产管理工作。作为矿井主要安全生产管理人员和防治水机构成员，探放水设计和作业规程贯彻落实不到位，没有对探放水工作进行检查和管理。对事故发生负有重要责任，依据《安全生产违法行为行政处罚办法》(安监总局令第15号)第四十四条第一款第一项规定，建议对其实施经济处罚5000元，同时吊销其安全管理人员资格证书。

3. 建议给予行政处分人员

(1)田文杰，中共党员，蛟河市煤炭管理局行业管理科科长，负责辖区内煤矿防治水工作。作为蛟河市煤炭管理局煤矿防治水工作具体负责人，落实上级有关煤矿防治水工作要求不到位，对丰兴矿在防治水工作上存在的问题失察。对事故发生负有重要领导责任，建议给予行政降级处分。

(2)孟繁军，蛟河市煤炭管理局监管科副科长，负责辖区煤矿安全生产监督管理工作。作为蛟河市煤炭管理局煤矿安全监管职能科室负责人，落实上级有关煤矿防治水工作要求不到位，未严格执行监管计划，对丰兴煤矿日常监督检查不到位。对事故发生负有重要领导责任，建议给予行政记大过处分。

(3)赵继平，中共党员，蛟河市煤炭管理局副局长，分管安全监管业务工作。作为蛟河市煤炭管理局分管煤矿安全监管业务工作的领导，对内部监管机构设置和监管人员职责不清，责任落实不到位，对问题重视不够，对丰兴煤矿监督检查工作不细、不实、不到位。对事故发生负有重要领导责任，建议给予行政记过处分。

(五)对丰兴煤矿实施行政处罚和处置的建议

经调查，丰兴煤矿对这起事故发生负有责任，根据《〈生产安全事故报告和调查处理条例〉罚款处罚暂行规定》(安监总局令第42号)第十六条规定，建议由吉林煤矿安全监察局对该矿处以100万元罚款。鉴于该矿具有近500万t的储量并有历史遗留问题，建议取消丰兴煤矿办矿资格，由吉林市、蛟河市两级政府组织将该矿与国有重点煤矿进行整合重组。

(六)事故防范措施

(1)严厉打击非法违法行为。要在当地政府统一领导下，按照国务院和省政府要求，严厉打击安全生产机构不健全、安全生产责任制不落实、从业人员未经培训以及矿井在瓦斯治理、水害防治上存在重大隐患仍继续生产的非法违法行为。要把“打非治违”与煤矿隐患排查治理、推进井下安全避险“六大系统”建设完善有机结合，全面加强煤矿安全生产基础工作。

(2)切实加强矿井防治水基础工作。煤矿企业必须严格坚持“预测预报、有疑必探、先探后掘、先治后采”的防治水工作原则，认真收集、调查和核对相邻煤矿及废弃老窑的情况，积极采用物探、钻探、化探等综合探测技术，确保能够准确查明矿井或采区水文地质条件。凡矿井水源不清、周边老窑位置不清以及开采煤层上部存有老窑水、未按规定留足隔离煤柱、未按规定采取探放水措施及受水害威胁的煤矿，一律不得进行生产和施工。凡矿井存在重大水患以及在生产和施工中发现透水征兆的，必须立即按规定撤出人员。

(3)从严煤矿探放水工作。煤矿企业要严格按照《煤矿防治水规定》要求，认真编制探放水设计，确保探放水设计的科学性、严谨性和可靠性。探放水施工必须由有证人员进行操作，同时每次探放水结束后，必须进行探放水总结分析，对探放水效果进行严格评估，不能确定积水全部放出的，不得解除水害威胁。要牢固树立安全第一思想，按规定配备满足需要的防治水专业技术人员，建立健全水害防治各种制度，严禁安排人员在受水害威胁区域的下部区域作业。

(4)切实加强企业技术管理和特种作业人员管理。煤矿企业必须严格执行安全生产法规标准和规程，严格规程措施的制订、审查、审批和落实，确保法规标准和规程措施在作业现场得到有效执行。有关部门要切实重视和加强煤矿各类专业技术人员的培养和配备，积极采取委托培养、定向培养等方式，加强煤矿安全技术队伍建设。煤矿企业要严格按规定配备各类特种作业人员，瓦斯检查工、探放水工、监测工、安全员必须持证上岗，不得兼职从事其他工作。

(5)切实加大煤矿安全监管力度。煤矿安全监管部门要真正提高监管执法质量，强化监管执法效能，严肃认真的履行煤矿安全监管职责。对安全管理混乱、不落实《煤矿防治水规定》以及在水害治理、“一通三防”管理上存在重大隐患的矿井要坚决责令停产，严厉处罚，直至提请地方政府实施关闭。

(6)妥善做好矿井整合重组工作。吉林市政府和蛟河市政府要认真组织制定该矿井与国有重点煤矿整合重组的实施方案，妥善处理好历史遗留问题，保持社会稳定。

二、黔南州瓮安县运达煤焦有限公司运达煤矿“4·5”较大透水事故

2013年4月5日22时，黔南州瓮安县运达煤焦有限公司运达煤矿(以下简称运达煤矿)发生较大透水事故，造成6人死亡，直接经济损失1030.28万元。

(一)事故单位基本情况

运达煤矿位于瓮安县岚关乡，属私营合伙企业，设计生产能力9万t/a，为证照齐全的生产矿井。

(二)事故原因及性质

1. 事故直接原因

103回风巷上部存在大面积老空积水，煤矿违规在安全隔水煤柱中掘进四号上山，人工

手镐挖掘导致老空积水压溃煤壁发生透水事故。

2. 事故间接原因

(1)运达煤矿安全管理混乱，主体责任不落实。煤矿未通过复产，违抗监管指令，违规组织生产；煤矿在安全隔水煤柱中违规施工；103 回风巷四号上山探放水作业设计、施工等均不符合《煤矿防治水规定》，且在探水钻孔出现涌水现象，未排除事故隐患，组织工人冒险蛮干；煤矿未严格落实矿级领导带班制度，任用无资质人员负责带班。

(2)县乡两级政府及相关部门对煤矿安全工作监管不力。对停工停产期间和未经批准复产的煤矿没有形成联合监管机制，对煤炭准运准销凭证管理不善，对驻矿安监员的管理不到位，未认真落实煤矿乡镇包保责任制，未采取有效措施防止煤矿违规组织生产。

3. 事故性质

经调查认定，这是一起责任事故。

(三)对事故单位和事故有关责任者的处理

(1)对涉及违法的 5 名煤矿责任人员移送司法机关依法追究刑事责任，并吊销相关资格证；1 名煤矿管理人员给予经济处罚；6 名公职人员中，1 人移送司法机关依法追究刑事责任，5 人分别给予行政警告、记过处分。

(2)责成黔南州人民政府对运达煤矿实施关闭，由省直有关部门依法吊销其采矿许可证、工商营业执照、煤炭生产许可证、安全生产许可证，并处运达煤矿罚款 49 万元。

第三节　火灾防治案例

山东枣庄防备煤矿有限公司“7·6”重大火灾事故

(一)事故概述

2011 年 7 月 6 日 18 时 45 分，枣庄防备煤矿有限公司 2 煤 431 运输下山底部－250 m 车场处因空气压缩机着火引发重大火灾事故，造成 28 人死亡。

(二)事故单位基本情况

1. 矿井概况

枣庄防备煤矿有限公司原名枣庄市薛城区陶庄镇防备煤矿，隶属于山东安泰煤业集团有限公司，为国有地方煤矿。1984 年建井，1986 年 3 月 1 日正式投产，矿井设计年生产能力 6 万 t。2010 年 9 月技改完成后矿井设计生产能力为 15 万 t/a。开采煤层 2、14 层，平均厚度 2.5 m，其中 2 层煤厚 0.6～5.6 m，常伴有火成岩和天然焦；14 层煤厚 0.5～1.6 m，开采深度为 20～－620 m。2010 年末剩余保有储量 489.17 万 t，剩余可采储量 98.82 万吨，剩余服务年限约 7 年。该矿有职工 486 人，其中原煤生产职工 324 人。

2. 开拓开采

矿井开拓方式为一对立井开拓，主井为混合立井，直径 Φ 4.5 m，担负矿井提煤、材料、设备、升降人员及矿井进风等任务。副井为专用回风井，直径 Φ3.2 m。主副井均装备梯子间，为矿井的两个安全出口。矿井多水平上下山开采，主井井底标高－117 m水平，即矿井第一水平，主要开采井田西部1400采区的14煤；矿井第二水平标高－250 m，主要开采井田东部2500采区的2煤。一水平1400采区布置一个回采工作面，二个普掘工作面；二水平2500采区布置一个回采工作面，五个普掘工作面(采掘工程平面图)。

3. 通风系统

矿井通风方式为中央并列抽出式，主井(混合井)进风，副井专用回风，风井安装型号为FBDCZ№B18/2×75 kW轴流式对旋主要通风机两台。矿井总进风量为2840 m^3/min，总回风量为2968 m^3/min，矿井负压957 Pa，等积孔1.97 m^2；矿井分区通风，发生事故的2500采区为一进一回，采区进风量1178 m^3/min，采区回风量1236 m^3/min。

4. 排水系统

矿井水文地质条件为简单类型，矿井正常涌水量0.5 m^3/h，最大涌水量1 m^3/h。矿井现用两个水平排水，分别为－117 m水平、－320 m水平。

5. 供电系统

矿井供电为双回路供电，主供线路来自枣矿集团供电工程处，备用线路来自枣矿集团联创公司，电压6000 V。地面变电所：共有2台变压器，型号为：S11－500kVA，下井电缆型号为：MYJV42/8.7/15kV/3×70 mm^2－280 m，从地面变电所经主井(固定在井壁上)下井至井下中央变电所。井下中央变电所共设2台变压器，型号为：KBSG－500 kVA/6/0.69 kV。

6. 压风系统

矿井压风系统采用地面集中供风方式，地面安装两台L－11/7型水冷空气压缩机；通过直径Φ50无缝钢管副井井筒敷设至井下分风点，分风点至用风处选用Φ37.5无缝钢管；用风巷至掘进头用Φ25无缝钢管；采用快速接头连接，与风动工具连接采用内径Φ25软管连接。井下2煤431运输下山底部－250 m车场处安设1台移动式空气压风机(事故引火源)，供251正巷掘进使用。

7. 供水、消防洒水系统

矿井地面有2个静压水池，其中，一个位于工业广场东部，水池容积200 m^3；另一个位于风井上井口附近，水池容积50 m^3。井下消防与防尘供水共用同一管路，井下管路按规程要求安装到各采掘及其他作业地点，其中，矿井主要大巷采用2寸钢管供水，采掘工作面采用1寸钢管供水，井下各种防尘设施安装齐全，使用正常。

8. 安全监测监控系统

矿井安装了KJ76N安全监测监控系统，2008年对矿井监控系统进行了升级，并与区煤炭局联网。矿井安装使用了KJ289－K入井人员定位系统，安装使用了井下无线通信系统、瓦斯智能巡检系统和语音报警系统。

9. 瓦斯、煤尘自然发火鉴定情况

矿井为低瓦斯矿井，瓦斯绝对涌出量0.3 m^3/min，相对涌出量2.54 m^3/t，二氧化碳绝对涌出量0.68 m^3/min，相对涌出量5.69 m^3/t；2层煤、14层煤煤尘爆炸指数分别为37.94%、43.02%。2层煤和14层煤属自燃煤层，自然发火期六个月。矿井自投产以来，没有发生自然发火现象。

10. 地质构造和水文地质情况

该矿井属于陶枣煤田，煤田内褶曲及断裂构造较发育，断裂结构面的力学性质较为复杂，矿井位于陶庄窟窿及北山大断层两个构造单元之间，地质构造背景和构造环境较复杂，矿井总体构造形态呈一单斜构造。本井田水文地质类型为简单类型。2 煤顶板大部分为中粒石英砂岩，局部直接顶为砂质泥岩，底板大部分为砂岩，煤层结构简单，局部有夹矸，井田东北部有火成岩侵入，局部变质为天然焦或全部被火成岩蚕蚀。14 煤层较稳定，顶板为黑色泥岩及砂质页岩，底版为黑灰色页岩及砂质页岩。

(三)事故发生的经过及救援过程

1. 事故发生前劳动组织及工作情况

2011 年 7 月 6 日 13 时，当班下井 91 人，主要分布在二层煤 251 正巷掘进、2502 切眼掘进、2503 联络巷修复、2503 正巷修复以及 14 层煤 14301 采煤工作面、14302 补充安全出口掘进。事故发生后，有 63 人升井，28 人被困。被困人员在 2 煤区域作业地点，当班二层煤区域出勤人数 36 人。其中，跟班电工 1 人，空压机司机 1 人，250 正巷把钩工 4 人，副巷把钩工 3 人，跟班安全员 2 人，跟班区长 1 人，瓦检员 1 人，公司驻矿安监员 1 人，251 正巷掘进 4 人，2502 切眼掘进 7 人，2503 正巷修复 6 人，2503 联络巷修复 5 人。事故发生后，该区域安全升井 8 人，其余 28 人被困。

2. 事故发生过程

2011 年 6 月初，事故空气压缩机被挪至东翼 431 运输下山底部－250 m 水平车场处，供 251 正巷掘进使用。空气压缩机使用期间，曾发生过气压不足、漏油等故障，均由负责维修的工人予以排除。2011 年 7 月 6 日下午 17 时许，机修副科长看到该空气压缩机轻微冒烟，安排机修工前去修理。机修工到达现场后发现空气压缩机已被关上，没有烟也无人值班，自己凭经验将风包和调节阀之间的铜管卸下检查，发现里面存有积炭，便用铁丝捅通铜管后装上，并启动空气压缩机进行调试，观察约 20 min 无异常后便离开上井。

18 时 45 分，绞车工和扒钩工在 251 进风巷(正巷)开绞车提升矸石时，发现 50 m 外的－250 m 水平车场处空气压缩机冒白烟，遂到 250 采区变电所，安排电工断电。电工将两路馈电切断，此时烟雾变大，五人沿回风巷撤离，因该处基本无烟雾，有两人沿回风巷绕到离空气压缩机 50 m 左右的地方查看原因。两人到达后发现空气压缩机已经起火(尚未引燃上方及两侧的竹笆和木板)，立刻安排附近安全洞内的职工打电话向调度室汇报。这时听到空气压缩机方向一声巨响，所有人沿进风巷迅速撤离。有 3 人到绞车房拿灭火器，返回空气压缩机旁灭火(距离空气压缩机最近约5 m)，此时看到空气压缩机上方竹笆和木板也都起火。3 人将灭火器喷完也未能控制火势。19 时许，机电科值班领导得知空气压缩机出现故障，马上下井，发现巷道内烟气浓重，带领机修科工人到着火点附近支援灭火，没能有效控制火源火势。21 时 10 分山东能源枣矿集团救护大队赶到现场展开救援，但火势已顺风蔓延失去控制，灭火人员被迫回撤上井。

3. 事故救援过程

7 月 6 日 18 时 45 分，枣庄防备煤矿有限公司井下 2 煤 431 运输下山底部－250 m 车场处空气压缩机突然着火，枣矿集团矿山救护大队 20 时 22 分接到求援电话后，立即派出 2 个小队赶赴事故矿井，随后又增派1个小队赶赴事故现场，21时10分枣矿集团矿山救护大队赶到事故现场展开救援。鲁南监察分局 、山东煤矿安全监察局 、枣庄市委、市政府、枣矿集团、省委、省政府、国家安全生产监督管理总局、国家煤矿安全监察局等单位领导赶赴事故现场，现场指挥抢险救援。

(1)事故初期救援阶段

该阶段从7月6号18时45分至7月7号8时20分，主要是组织撤人和火灾初期发展阶段。当班调度员接到井下事故报告后，立即通过语音广播系统通知井下撤人，18时50分2煤作业地点电话已无法打通，当班下井91人，63人安全升井，28人被困井下。调度员又向值班矿领导汇报事故情况，并通知井下带班矿长－250 m车场处空气压缩机着火，带班矿长立即赶往现场组织有关人员灭火，此时空气压缩机硐室工字钢架棚支护背帮背顶的木背板和竹笆也都起火，火势随风势蔓延速度快，未能有效控制火势。20时22分矿方向枣矿集团救护大队电话求援，救护队21时10分赶到现场，下井侦查灭火，实施救援。7月6日21时40分矿井开始反风，15分钟后救护指战员从回风井下井救援。救护队员在回风立井携带装备入井极不方便，灭火速度缓慢，指挥部决定恢复原通风系统，7月7日8时20分恢复原通风系统。该阶段由于火灾发生在主要进风巷，火势发展十分迅速，形成了大量高温烟雾和有毒有害气体，火灾区域温度高，抢险救援困难，未能扑灭火灾。

(2)火灾区域的灭火控制与打通救援通道阶段

该阶段从7月7日8时21分至7月10日8时20分，主要控制－250联络巷、－250平巷火区火源，目的是快速打通－250 m平巷至2500运输巷，为抢险救援打开通道。一是－250 m联络巷火区的灭火和封堵，主要采用封闭控制、压注阻燃材料和注水等快速灭火相结合的方法，控制火势发展。二是－250 m底车场及平巷火区的控制，主要采用2～4根不同长度的水枪向火区不同层位、不同深度反复用水灭火降温；随时监测－250 m底车场冒落区的温度及有害气体的变化情况；用罗克休泡沫充实填满，使火源得到控制。在该救援过程中，三名救护队员因高温中暑引起热痉挛，导致热衰竭，经全力救治无效，不幸牺牲。

(3)新救援通道掘进贯通至确定火区封闭阶段

该阶段从7月10日8时21分至7月22日14时，主要是新救援通道的掘进和贯通，为抢险救援打开新通道。由于－250 m联络巷、－250 m平巷火区彻底得到控制极为困难，为实现科学、安全、快速施救，抢险指挥部于7月10日18时决定在继续加大火区灭火的同时，在－251正巷上山段向右施工一条16 m长的救援通道，直接与2500运输下山贯通，避开现－250 m平巷里段高温火区，形成新的安全救援通道。新救援通道在7月13日2时19分开始掘进，7月19日8时贯通。贯通后矿井通风系统发生变化，火区火势增大，并未形成有利的救援条件。用调风方法控制火区无法确保灾区救援人员的安全，随采取封闭火区的方法转入灭火救援。

(四)事故原因分析

1. 事故直接原因的分析

经对“7·6”重大火灾事故着火源分析，“7·6”重大火灾事故引火源从火源发生地点、监控系统数据和火灾发生后的现状推断着火源有空气压缩机着火和煤炭自燃两种可能。

(1)煤炭自燃引燃火灾分析

根据6—7月份的监控日报表，自6月28日开始至7月6日事故发生，二层煤总回(531回风下山)CO传感器示值变化较大，最大值为57 ppm。查询采掘计划和询问相关人员，并结合火源点附近巷道层位分析，存在CO与251正巷恢复掘进时的爆破有关。250平巷是2500采区主要行人、运输巷道，且空气压缩机安设地点在2煤顶板中，此处一直没有发现自然发火迹象，因此认定这次火灾不是煤炭自燃引起的。

(2)空气压缩机着火分析

①空气压缩机自燃和爆炸是火灾的起因。原因是内部沉积物(积尘、积炭等)使气动压力调节开关(进气阀)反馈气路被堵，影响空气压缩机压力调节功能，由于超温保护，二级排气压力保护没有接入启动器，不能实现自动断电停机；安全阀长期不标定，泄压值偏高，排气温度急剧升高，排气阀积炭内燃，使出气管路和风包升温引燃积炭，火焰从泄压阀喷出，随后发生爆炸。

②空气压缩机排气温度保护没有接入启动开关，在排气温度超限时未能自动停止空气压缩机工作，引起着火及爆炸。

③空气压缩机为报废翻修设备，出卖方与矿方合谋伪造产品合格证、矿用产品安全标志证书、产品使用说明书，该空气压缩机不具备煤矿井下安全使用条件，为火灾事故的发生埋下隐患。

分析认定：事故空气压缩机为报废翻修设备，不具备煤矿井下安全使用条件，且保护装置不全，使用中积炭严重，引发了该设备的自燃和爆炸，这是这次重大火灾事故的直接原因。

2. 事故扩大的原因分析

火灾事故发生后，由着火点迅速蔓延到250平巷、250联络巷等处，致使灾害迅速扩大，其主要原因有：

(1)空气压缩机司机擅自脱岗，火灾未能被及时发现和处理。事故空气压缩机司机无人值守，空气压缩机冒烟、着火初期，未能采取停机和灭火措施；待周围人员发现时，火势已经扩大，峒室因着火冒顶砸坏水管，利用灭火器和水灭火已不能控制火势，火势在较短时间蔓延到−250平巷、−250联络巷。

(2)应对措施不力，事故未得到及时处理。矿方初始对火灾没有引起足够的重视，在本身应急救援能力远不能满足抢险救援需要的情况下，仍抱有侥幸心理，致使火势没有得到有效控制，造成2500采区里段人员28人被困。

(3)事故区域巷道支护采用架棚(砌墙)、竹笆和木背板等易燃材料支护，可燃物充足。事故空气压缩机设置在431运输下山−250下部车场的进风风流中，该处巷道断面小、风速大，短时间内火势随风势迅速蔓延，引燃250平巷、250采区变电所和250联络巷等处的竹笆、支护坑木，烧坏棚顶支护材料、引燃煤炭，形成大面积的火区。火灾造成顶板垮落，回风巷道堵塞，同时产生大量高温烟雾和有毒有害气体，阻断了采区被困人员的逃生路线。这是空气压缩机起火后火势迅速扩大蔓延的主要原因。

(4)着火巷道位于煤岩层中，火源引燃煤炭。着火点引燃的250平巷、250联络巷位于煤岩层中。二层煤采区机电硐室，巷道整体位于二层煤中，在250机电硐室与250副巷三叉门交叉口处，巷道顶上3 m为煤层，巷道位于煤层中。250联络巷在431底车场与531联络巷三叉门处，顶板有厚约1 m的煤层，底板下为煤层，250副巷开门三叉门中，巷道整体位于火成岩及天然焦中。火灾发生巷道所在的2煤层是原陶庄煤矿已开采过的煤层，煤质为气肥煤，燃点为350℃，易于氧化、点燃，也是形成大面积火区的原因。

(5)矿井通风系统抗灾能力较弱。矿井2煤层通风系统虽然简单，为一进一回，但431进风巷、531回风巷及250联络巷，均为原陶庄煤矿的废旧巷道，后修复使用，事故发生后，回风阻塞，负压增加，造成漏风较大；而火灾区域处于主要进、回风巷道的中部，位置特殊，250联络巷着火坍塌冒落严重，回风阻塞，导致采区进风巷道也处于灾区之中，矿井通风系统调节困难、不稳定，火区火势多次反复，造成抢险救援困难。

(6)机电管理存在漏洞。设备入井制度执行不严，致使证件不齐全的空气压缩机能够入井；设备定期检修制度执行不严，主要设备不定期拆检，不按规定周期安全检测检验；安全保护设施不齐全；职工技能培训流于形式，空气压缩机维修工未经培训，司机虽经培训，但素质低，职责不清。

经过分析认定："7·6"重大火灾为主要进风巷外因火灾。火灾直接原因是2煤431运输下山底部－250 m车场处空气压缩机着火引燃竹笆、木背板，后又引燃250平巷、250联络巷木背板、竹笆与2煤，形成大范围的火灾。

3. 事故直接原因

空气压缩机为"三无"翻修产品，运行质量差，保护装置不齐全，积炭严重，引发了该设备的自燃和爆炸，这是这次重大火灾事故的直接原因。

4. 事故间接原因

(1)未落实煤矿空压机管理制度，未设置在机电设备硐室内，而将空压机布置在周围有可燃物的巷道中。

(2)矿方应对措施不力，从7月6日18时45分火灾发生到20时22分向枣矿救护队求援，历时1小时37分，致使火势没有得到有效控制，造成2500采区里段人员28人被困。

(3)431进风巷、531回风巷及250联络巷，均为原陶庄煤矿的废旧巷道，后修复使用，事故发生后，回风阻塞，负压增加，造成漏风较大，矿井通风系统调节困难、不稳定，火区火势多次反复，造成抢险救援困难。

(4)未严格执行机电管理制度，机电管理混乱。

(五)事故防范措施和建议

(1)加强机电管理。建立健全机电管理制度，严格落实岗位责任制、设备入井检查签证制、干部上岗检查制，岗位交接班制、主要设备巡回检查制和设备定期检查、检修等制度。设备保护装置齐全、灵敏、可靠，符合规程、规范要求。加强全员职工技术技能培训，加强机电技术管理工作。

(2)井下机电硐室布置和支护必须符合《煤矿安全规程》的相关规定。进一步严格空压机管理制度，并认真组织落实。

(3)严格落实山东省规定的"调度员10项应急处置权"和"三分钟通知到井下所有人员"规定，确保事故初期便能得到有效控制，避免贻误最佳救援时机，致使事故扩大。

(4)加强矿井通风系统管理，及时优化调整矿井通风系统，确保系统合理、稳定、可靠。矿井通风系统的稳定是火区稳定的关键，通风系统不稳定极易影响火区不稳定，未能有效控制通风系统是这次火灾事故没能得到处理的主要原因。

(5)应加快应急避险设施建设，为遇险人员避险创造条件，尽量减少人员伤亡。"7·6"重大火灾事故是主要进风巷火灾，且发生在整个系统的中间部位，火灾发展速度快，人员撤离路线选择困难，致使火灾以里区域人员被困。

(6)加强应急管理。煤矿企业编制的生产安全事故应急预案与矿井灾害预防和处理计划应符合法律法规及规程的规定，并符合企业的实际，加强应急演练，遇到险情时，必须立即撤人。同时，加强矿山救援科技研究与开发，提升救援技术水平。

(7)加强消防器材设施管理。煤矿井上、下必须设置消防材料库，消防材料库储存的设备、材料应符合规定；井底车场、机电硐室等火灾隐患地点，必须配备足够数量的灭火器材；地面消防水池设置及水量，井下消防管路系统及阀门的敷设、水压应符合规程规定。

第四节　粉尘灾害防治案例

一、黑龙江七台河东风煤矿"11·27"特别重大煤尘爆炸事故

2005年11月27日21时22分，黑龙江龙煤矿业集团有限责任公司七台河分公司东风煤矿发生一起特别重大煤尘爆炸事故，造成171人死亡，48人受伤，直接经济损失4293万元。

(一)矿井概况

东风煤矿是原国有重点煤矿，隶属于原七台河矿务局。1998年改制为七台河精煤集团有限责任公司。2004年七台河分公司划入龙煤集团。东风煤矿各种证照均在有效期内。2005年核准生产能力为50万t/a。该矿为高瓦斯矿井，煤尘具有强爆炸性。

(二)事故原因及性质

1. 事故直接原因

违规放炮处理主煤仓堵塞，导致煤仓给煤机垮落、煤仓内的煤炭突然倾出，带出大量煤尘并造成巷道内的积尘飞扬达到爆炸界限，放炮火焰引起煤尘爆炸。

2. 事故的要原因

(1)东风煤矿长期违规作业，特殊工种作业人员无证上岗严重，超能力生产。

(2)七台河分公司对东风煤矿超能力生产未采取有效解决措施，对事故隐患整改情况不跟踪落实。

(3)龙煤集团对东风煤矿长期存在的重大事故隐患失察。

(4)省经委未能全面履行煤矿安全生产监督管理职责。

(5)黑龙江煤矿安全监察局佳合分局对东风煤矿未彻底排查重大事故隐患的行为督促整改不力。

3. 事故性质

经调查认定这起事故是一起责任事故。

(三)对事故责任人员的处理

(1)11 名事故直接责任人移送至司法机关处理。

(2)给予其他 19 名责任人相应的党纪、政纪处分。

(3)责成黑龙江省人民政府向国务院作出深刻检查。

二、河北省磁县新建煤矿粉尘爆炸事故

(一)事故概况及经过

新建煤矿位于河北省磁县黄河乡，为乡办煤矿。1990 年 4 月建井，同年年底投产，设计年产量 3 万吨，实际年产量为 6 万吨。立井开拓，中央边界式通风。该矿没有班前会和交接班制度，井下作业任务和人员安排没有统一布置和记录。

1993 年 11 月 11 日，从 8 时 30 分停电后，使用柴油机发电向井下送电。但是，电力不足，早班安排北翼两个工作面生产，中班安排南翼两个工作面生产。14 时班共下井 72 人，南翼北工作面 8 人，南工作面 11 人，北翼两个工作面 35 人，南翼上车场南新掘进下山 7 人，其他 11 人。南翼两个工作面工人下井后打眼放第一炮后出煤。到 15 时 30 分左右开水泵，停了南翼工作面的电，当时主扇风机和局扇都没有运行。到 17 时 30 分全矿来电，主扇和局扇仍未开启。北工作面打眼后放第二炮时，北工作面口 2 m 处挂在背板上的 11 个电雷管拖地的脚线被拖动的电缆明接头引爆，引起了瓦斯煤尘爆炸，爆炸后产生的高温高压以及随后产生了负压和冲击波，造成井下二平巷及两个工作面 600 多 m 巷道冒落，并有 6 处形成了较大的冒落区，分布在二平巷各个交叉点、上山口等处。事故后北翼两个工作面，南翼车场等处的 48 人升井逃生，后有 2 人在医院死亡，井下另外 24 人遇难死亡，事故共死亡 26 人，伤 10 人，直接经济损失 38 万元。

(二)事故发生的原因

1. 事故直接原因

(1)由于该矿主扇风机未开，通风设施不全，矿井风流紊乱，局部风机未开，风机位置不对，风筒距工作面很远，瓦检员空班漏检，造成回风巷道瓦斯煤尘积聚。

(2)该矿采区巷道干燥，煤尘具有爆炸性，由于井下没有防尘洒水设施，没有按照《乡镇煤矿安全规程》的要求采取防尘措施，造成井下煤尘积存。放炮后引起煤尘飞扬。

(3)井下灭火器材随意存放，一贯使用煤面和煤块封堵炮孔，用电缆明接头放炮的现象时有发生，以致在电雷管存放不当的情况下，电缆的明接头碰到了电雷管的引脚线，11 个电雷管爆炸，导致了矿井瓦斯与煤尘爆炸事故。

2. 事故间接原因

(1)矿领导分工不明确，职责不统一，这是造成全矿安全管理混乱的主要原因。

(2)重效益、轻安全，安全机构不健全，规章制度不健全，岗位责任不清，管理混乱。

(3)干部工人安全意识差，技术素质低，矿长和特种作业人员无证上岗，“三违”情况严重。

(三)事故防范措施

1. 加强矿井的安全管理，建立健全安全生产责任制和各种规章制度，严格通风、瓦斯、煤尘管理，杜绝类似事故的发生。

2. 加强矿井管理干部、特殊工种和入井工人的安全技术培训，提高职工安全技术素质。

3. 严格依法办矿、依法开采，要坚持做到乡镇煤矿安全生产条件资格审查制度。

4. 坚决停办无证非法开采的小煤矿。

第五节　顶板灾害防治案例

内蒙古锡林郭勒盟镶黄旗塬林煤矿顶板事故

2011 年 11 月 18 日 3 时 10 分，内蒙古锡林郭勒盟镶黄旗塬林煤矿 101 高档普采采煤工作面发生一起顶板事故，造成 5 人死亡，8 人受伤。事故直接经济损失 651.5 万元。

(一)矿井概况

该矿井田位于锡林郭勒盟石匠山煤田。井田面积 10.423 km^2，资源储量 1175 万 t，可采储量 743 万 t。该矿井田主要可采煤层为 1、3、4 号煤层，平均厚度分别为 2.35 m、1.74 m、1.78 m，为大部可采或局部可采的较稳定煤层，煤的工业牌号为无烟煤。井田基本构造形态为轴向北东一北东东的向斜构造，地层倾角一般 10°左右，北部倾角大于 20°，井田内褶曲较发育。该矿井为低瓦斯矿井，煤尘无爆炸性，煤层属三类不易自燃煤层。矿井采用立井单水平开拓方式。回采工作面采用走向长壁后退式采煤方法，高档普采回采工艺。双回路供电。矿井采用中央并列式通风方式，通风方法采用机械抽出方法。矿井装备一套安全监测监控系统。

该矿现有职工人数为 368 人，劳动组织采用“三八制”作业方式。

(二)事故发生及抢救经过

1. 事故经过

2011 年 11 月 17 日 21 时，镶黄旗塬林煤矿采煤队副队长杨彦魁布置晚班班前会，19 人参加了班前会，杨彦魁安排晚班打放顶眼、加强工作面支护质量(将原来柱距大的调整为 0.8 m、0.2 m 和加密切顶柱)，以及平时经常说的一些注意事项。黄群兵、唐道华 2 人打放顶眼，于稳学、蔡守军、尹慧生、侯克军、刘朝林、冯启祥、李卫红 7 人负责支护、郭新平、杜利法、杨军、罗应平 4 人运送支护材料。班长牛建文和副班长张银顺及另外 3 人打超前支护，1 人开液压泵。下井后打眼工从机尾向机头顺序打放顶眼，眼深 3 m，眼距 1～1.5 m(之前已在工作面中间用液压钻成排打了 6 m 深的放顶眼)，7 名支柱工从工作面中间 60 m处向机尾方向顺序调整支架。当支护工 7 人已经调整 17～18 架对棚(中间加了 5～6 架棚子)、打眼工打了 20 个放顶眼、运料工 4 人将材料运到 7 名支护工跟前时，突然“轰”的一声一阵风吹来，工作面顶板大面积垮落，将在工作面作业的 13 人埋压在冒顶区内，打眼工黄群兵发现后连跑带爬跑到上出口外。班长牛建文和副班长张银顺发现工作面冒顶后先后打电话给副队长杨彦魁报告情况，在井上休息的杨彦魁接到报告时是凌晨 3 点左右，杨彦魁与队长黄龙华一起下井。下井后，他们在工作面回风巷遇到了当班的牛建文、张银顺、杨正红、刘彦书、段祥彬、杜建忠。杨彦魁、黄龙华当即又跑到工作面机尾喊话、敲打采煤机线槽，没有听到回声后，又绕到工作面下出口机头处喊话、敲打采煤机线槽，也没有听到回声后，杨彦魁等人往外走。带班矿长李守财知道发生事故时正在井下运输大巷，于 3 时 10 分给值班室打电话告诉马占录发生事故，马占录马上通知矿领导，武月祥、张前和、王文来到调度室，马占录、张前和、王文穿衣服下井，在轨道巷过桥处碰到带班矿长李守财后向工作面下出口走，正碰到杨彦魁等人往外走，简单介绍情况后大家一起又向工作面上出口走，到距机尾 10 m 处发现了在巷帮躺着的黄群兵(自己爬出来的)。杨彦魁从冒落的大块石头缝两次爬进去 20 多 m 远搜寻，没有找到被埋人员。副矿长王文等人升井组织抢救。

2. 抢险救援过程

副矿长王文升井后组织开会，安排人员开始搜救，同时逐级汇报了事故情况。18 日 5 时 50 分镶黄旗安监局接到电话汇报，6 时 30 分内蒙古煤矿安全监察局赤峰监察分局接到电话汇报。镶黄旗领导及有关部门人员于 7 时到达事故煤矿，锡盟行署领导及有关部门也陆续赶到并下井勘察。赤峰监察分局于 10 时 30 分到达事故现场，并同盟、旗领导下井勘察。升井后马上成立抢险救援指挥部和抢险救援组。这之前，已经通知锡盟救护队、平煤救护队参加抢险救援，同时请求多伦协鑫矿业公司救护队和工人支援。多伦协鑫矿业公司救护队和工人于 12 时 30 分到达事故煤矿，并下井进行勘察，提出初步施救方案。其他两队陆续到达后，抢险救援组制定抢险救援方案，即延煤壁炮掘2 m断面巷道搜寻被困人员。抢险救援组在维护支架、打木垛并向里喊话时，听到被压的人员有回话，得知有 7 名工人幸存，抢险救援组当机立断改变施救方案，即贴煤壁清理塌方岩块切割阻挡的单体和钢梁、维护出一条救援通道、不进行爆破，防治顶板二次冒落。18 日 18 时，多伦协鑫矿业公司工人和本矿工人分成 8 个班组，救护队也分成 8 个组，分两个地点(上出口从上向下、下出口从下向上维护出救援通道)，每个地点分四班进行抢险救援。经抢险救援组艰难奋力抢救，到 19 日 5 时 25 分，救出第 1 名生还者，到 20 日 3 时 20 分救出第 7 名生还者，20 日上午 4 名遇难矿工被运出，到 21 日 16 时 09 分最后一名遇难矿工被运出。至此抢险救援组共救出侯克军、冯启祥、李卫红、郭新平、杜利法、杨军和罗应平 7 名幸存者，运出于稳学、蔡守军、尹慧生、刘朝林和唐道华 5 名遇难者。

(三)事故原因及性质

1. 事故直接原因

101 回采工作面老顶坚硬，强制放顶老顶冒落未严，工作面推进至此中段出现断层，老顶初次来压，造成采煤工作面顶板大面积垮落，将在该工作面作业的 12 名工人压埋。

2. 事故间接原因

(1)强制放顶时未按《强制放顶安全技术措施》规定打木垛和戗柱。工作面初次来压前已有预兆，但调整支架施工顺序违反采煤作业规程规定。工作面支架密度不足、强度不够。

(2)对 101 采煤工作面强制放顶老顶冒落不严的重大隐患认识不足，未采取有效安全措施，也未停止采煤作业进行有效放顶。

(3)该矿安全生产技术管理机构不健全，职能职责没有划分，人员配备混乱，存在没有安全资格证人员担任安全生产管理工作。没有认真落实矿长带班入井等十余项安全管理制度。

(4)采煤作业规程和联合试运转方案中没有明确初次放顶距离，缺少有关顶板管理等重要内容，不能有效指导安全生产，安全管理不到位。

(5)镶黄旗经信局对塬林煤矿安全生产缺乏有效的监管。

3. 事故性质

根据以上事故原因分析，认定这是一起责任事故。

(四)事故防范措施和建议

(1)该煤层老顶顶板为厚层状坚硬顶板，强制放顶效果不好，目前所采用的高档普采回采工艺不适应该顶板条件。塬林煤矿须聘请相关专家论证，提出适应该煤矿顶板条件下的安全可靠的采煤方法。

(2)结合本矿实际重新设置安全、生产、技术科室，充实具有煤矿相关专业技术的人员，与安全挂钩明确各个管理岗位的责权利，使其能够正确履行安全管理职责。

(3)严格落实矿长带班入井制度和事故隐患排查制度等各项安全生产规章制度及安全生产责任制。

(4)镶黄旗人民政府应配备具有煤矿安全生产专业知识和相关经验的人员负责安全监管工作，镶黄旗经济和信息化局应健全煤矿安全监管制度，切实加强煤矿安全监管工作。

(5)锡林郭勒盟行署应从事故中深刻吸取教训，堵塞漏洞，加强煤矿安全监管部门人员配备，建立有效的安全监管机制，以满足煤矿安全监管工作需要。

第六节 煤矿机电运输事故防治案例

湖南金竹山矿业公司一平硐煤矿机电事故

(一)事故概况

1. 企业名称：金竹山矿业有限公司一平硐煤矿。
2. 企业性质：国有企业。
3. 事故时间：2009年9月9日13时55分。
4. 事故地点：21采区2128中段下块工作面运输机巷。
5. 事故类别：机电事故。
6. 事故伤亡情况：死亡1人。
7. 直接经济损失：26.6万元。

(二)事故单位概况

1. 金竹山矿业有限公司基本情况

金竹山矿业有限公司为湖南省煤业集团二级法人单位，属国有企业。下辖一平硐、土朱、托山、塘冲四个生产矿井。全公司在册职工 5639 人。

2. 一平硐煤矿基本情况

(1)矿井机构设置和人员配备

矿井成立了由矿长为组长，安全、生产、机电、经营副矿长、总工程师为副组长的安全生产领导小组，成员包括生产、机电、安全、通风、财务、综合管理等科室负责人。矿井现有职工 1602 人，原煤生产人员 1274 人，其中井下采掘作业人员 664 人。

(2)矿井开采技术条件

一平硐煤矿位于湖南省娄底市冷水江市金竹山乡境内。矿井西距冷水江市 16 km，东距涟源市 22 km；省道 312 线自东向西贯穿矿区西部，湘黔铁路从矿井南翼通过，交通极为方便。

矿井开采涟邵矿区金竹山井田测水组煤层，井田内共含煤 7 层，由上而下依次为 1、2、3、4、5、6、7 煤，其中 3、5 煤为主采煤层，2、4 煤局部可采，1、6、7 煤不可采。

2 煤厚 2～2.37 m，平均厚 0.85 m，煤层赋存不稳定，仅局部可采。煤层伪顶为黑色松散炭质泥岩，厚 0～0.25 m；直接顶为黑色砂质泥岩和薄层细砂岩，一般厚2 m，属Ⅰ级顶板；老顶为暗灰至灰白色细砂岩，一般厚5 m；底板为灰黑色团块状泥岩，一般厚 2.6 m。

3 煤厚 0～7.26 m，平均 1.57 m，煤层赋存较稳定，为主要可采煤层之一。煤层伪顶为炭质泥岩，厚 0～0.4 m；直接顶为深灰至灰黑色砂质泥岩，厚 4.0 m，属Ⅰ级顶板；直接底为灰黑色砂质泥岩，厚3.5 m；老顶为灰白色细至中粒石英砂岩，厚 6 m。

4 煤厚 0～1.82 m，平均厚 0.92 m，煤层赋存不稳定，仅局部可采。煤层伪顶为黑色泥岩或炭质泥岩，局部发育；直接顶为灰至灰白色石英砂岩，一般厚 4.0 m，属Ⅱ级顶板；直接底为深灰至灰白色砂岩，局部为灰白色砂质泥岩，厚4.3 m。

5 煤厚 0～12.29 m，平均厚 1.8 m，煤层赋存不稳定，为主要可采煤层之一。煤层伪顶为黑色泥岩或炭质泥岩，局部发育，厚 0～0.15 m；直接顶为灰黑或黑色砂质泥岩，厚 4.3 m，属Ⅰ级顶板；直接底为灰黑色砂质泥岩或泥岩，一般厚3 m；老顶为灰至灰黑色中厚层状砂岩，厚4.3 m 。

煤层东南翼走向为 NE20°～60°，倾角较缓，一般为 10°～25°；西北翼走向为 NE5°～30°，倾角较陡，一般为 25°～70°，由浅往深煤层倾角逐渐变缓。

矿井水文地质条件中等，充水水源为大气降水、地表水、老窿水、采空区积水。最大涌水量 780 m^3/h，正常涌水量 260 m^3/h。

2008 年度矿井进行了瓦斯等级鉴定，根据湖南省煤炭工业管理局“湘煤行〔2009〕26 号”文批复，该矿为煤与瓦斯突出矿井，矿井绝对瓦斯涌出量 6.804 m^3/min，相对瓦斯涌出量 17.58 m^3/t；煤层不易自燃，煤尘无爆炸危险性。

(3)矿井生产系统

矿井采用平硐、斜井开拓，共划分为两个生产水平，即一水平为平硐开拓，上下山开采，已于 1995 年开采完毕；二水平为斜井开拓，井底标高为－50 m，上下山开采。二水平现布置有三个生产采区(21、22、23采区)，两个准备采区(24、25采区)，采、掘接替关系正常。

矿井采用长壁后退式工作面回采，爆破落煤，单体液压支柱配绞接顶梁支护，全部垮落法管理顶板；掘进工作面采用风钻、电煤钻打眼，爆破落煤(矸)，采用金属支架和金属网锚喷支护。

矿井主、副斜井均安装有型号为2JK－2.5/20的提升机。主斜井担负煤、矸的提升和材料下放；副斜井担负上、下井人员的运送，运送人员的斜井人车型号为XRB15－6/6S。运输大巷采用电机车运输，回采工作面采用刮板运输机集中控制运输，掘进巷道采用电机车运输或人力推车。

矿井分别在＋100、－50 m水平设立了中央水泵房，安装的水泵、排水管路、供电电缆能满足矿井排水要求。

矿井采用35 kV双回路供电。电源分别来自冷江110 kV变电站和岩口110 kV变电站。井下主供电采用6kV高压供电，＋100、－50 m水平中央变电所均为双电源，低压采用660V供电。井下变压器中性点不接地。

(4)矿井通风和安全监控系统

矿井采用分区式通风。主、副斜井为进风井，三个回风井均安装有2台主要抽风机，矿井总进风量为3986 m^3/min，总排风量为4300 m^3/min。

矿井装备有KJ－90型安全监测系统。井下按要求安装了甲烷、风速、设备开停、风门开关、负压等传感器，地面设有专用监测机房，配备有值班人员，系统运行良好。其监控数据能上传至金竹山矿业公司、涟邵矿区安全生产管理局和湖南省煤业集团安全生产监控数据处理中心。

(5)矿井作业制度

矿井采用三班作业制，即早班：0：00—8：00；中班：8：00—16：00；晚班：16：00—24：00。

3. 事故地点概况

事故发生在2128中段下块工作面机巷。

2128中段回采工作面位于21采区西翼，设计开采标高为：上限±0 m、下限－25 m，工作面走向长180 m，倾斜长81 m，煤层倾角17°，煤层平均厚度0.8 m。

为了确保21采区－50 m西石门能在保护区内安全揭开5煤层，矿井在设计2128中段回采工作面时，在－50 m西石门上方(2128中段工作面下方)布置了一个工作面，其标高为－25～－35 m，命名为2128中段下块工作面。

2128中段下块工作面于2009年6月上旬切割完成，6月中下旬工作面运输巷刮板运输机安装完成并经调试验收后交由采煤队负责管理。该工作面走向长60 m，倾斜长42 m，煤层倾角17°，平均厚度1.2 m。6月5日矿井编制并上报了《一平矿2128中段回采工作面作业规程》，金竹山矿业公司以金煤生函〔2009〕190号文进行了批复，2128中段下块工作面采煤作业沿用该作业规程。

6月28日，109采煤队进入2128中段下块工作面回采。工作面采用电煤钻打眼，爆破落煤，刮板运输机运煤，单体液压支柱配0.8 m绞接梁走向棚支护，全部垮落法管理顶板；回采工作面机、风巷采用11＃矿工钢梯形棚支护；机巷使用7台刮板运输机运煤，刮板运输机分组集中控制，即第1、2、3台为一组，4、5、6台为一组，第7台为一组。

8月22日矿井因故全矿停产，2128中段下块工作面停止了回采，直至9月6日才恢复生产。9月9日中班(8—16时)在处理运输机故障时发生了事故。至事故发生时，2128中段下块工作面已沿走向推进了42 m。

4. 企业安全管理情况

涟邵矿区安全管理局代表湖南省煤业集团对该矿井实施安全日常管理。管理局每个月至少检查1次，并对上次检查时发现的问题进行复查，对发现的安全隐患实施处理、处罚。

金竹山矿业有限公司每个月的月中和月底分别安排对下辖4对矿井进行安全大检查和质量验收，并组织对安全隐患整改情况进行复查和反馈。

8月22日至9月5日金竹山矿业有限公司四对矿井因故全面停产停工，9月5日公司组织对四对矿井进行了复产前的安全大检查。

(三)事故发生经过和事故救援情况

1. 事故发生经过

2009年9月9日7时30分，109采煤队副队长黄楚长主持召开了进班会，参加进班会共有13人，分别为副队长黄楚长、副班长谢新求、大工李向利、刘利先、谢国先，小工周志长、曹长跃、向林、曾建强(遇难者)、林建平、夏泽喜、康朝东、范锋华。当班安排在2128中段下块工作面采煤作业。黄楚长交待了有关安全事项后，谢新求对当班的作业人员进行了分工，其中安排3名小工在机巷开刮板运输机，曾建强负责开第7台刮板运输机和处理第6台刮板运输机的故障。

8时10分，作业人员开始下井，8时30分，作业人员相继到达2128中段下块工作面作业地点。

由于上班水泵出现故障，第6台刮板运输机机尾处积存有水，进班后作业人员先修好水泵排除积水。

10时30分积水排干后，工作面开始打眼放炮，当班共打了19个炮眼，放炮后支了9个单体液压支柱、出煤8车。

13时40分，谢新求发现机巷刮板运输机停了，立即从工作面出来，到达第6台刮板运输机机头时，看到运输机司机曾建强正在机头离合器处处理断销故障。曾建强上好离合器上的木销后，蹲在机头电机旁喊站在第6台刮板运输机控制开关旁(距机头6 m)的谢新求启动刮板运输机，谢新求问了曾建强刮板运输机开关是否闭锁及开关的正反顺序后，按下启动按钮。刚按下启动按钮，即发现第6台刮板运输机机头跳动向上翘起近1 m高，并向巷道左帮倾斜，谢新求随即断掉电源，并立即跑到机头处察看曾建强，发现曾建强坐在机头电动机旁边，面对电机、背靠巷帮、面部流血、不能说话，但不断呻吟。

2. 事故抢救经过

事故发生后，谢新求安排检修工谢群欢立即将所有刮板运输机停止运行，并立即向矿井调度室报告事故情况。同时，谢新求跑到工作面向副队长黄楚长报告了事故情况。黄楚长即组织工作面的其他作业人员赶到事故地点，用风筒布做了一个临时担架，将曾建强抬到21采区－25 m车场。

14时，调度室接到谢群欢的事故报告电话后，立即通知金竹山矿业公司驻矿救护队。

14时10分，救护队立即出动6名救护队员下井救援。14时38分，救护队员在21采区－25 m车场碰到被抬出来的伤员曾建强，对其伤情进行详细检查，发现伤者头、脸部受伤严重，神志不清，随即向外转送。此时，接到事故报告的矿长王忠华、安全副矿长欧阳洪承也赶到21采区－25 m车场，了解情况后，随救护队员一起护送伤员出井。

15时10分，伤员被护送到地面，经医生检查，发现伤员呼吸、心跳、脉搏微弱，于是立即送往冷水江市人民医院，经冷水江市人民医院抢救无效死亡。至此，事故抢救结束。

(四)人员伤亡和直接经济损失

本次事故共造成1人死亡，直接经济损失26.6万元。

(五)事故原因及性质

1. 事故直接原因

(1)2128中段下块工作面长时间停产，受顶板淋水影响，煤壁受潮、煤体湿润，采落的湿煤易造成堵链压溜；2128机巷第六台刮板运输机由下向上运输，底链带回煤，造成负荷增大。

(2)运输机司机曾建强在运输机底链被卡住后没有清空底槽回煤、没有撤离到安全地点的情况下，违章通知副班长谢新求启动运输机，造成运输机机头上翘打横，将蹲在机头处的曾建强撞伤至死。

2. 事故间接原因

(1)刮板运输机机头、机尾固定措施不力。第六台运输机机头只有一个压柱，固定力不够；机头压柱支撑板太窄，压柱支撑不牢。

(2)隐患排查处理不力。2128中段下块工作面机巷第六台刮板运输机在事故发生前曾多次出现因过负荷运转烧断电机保险丝和拉断负荷插销，但109采煤队一直没有采取有效措施消除事故隐患。

(3)机电设备日常维护、检查制度执行不严。采区内的机电设备投入使用后交由采煤区队管理，日常维护、检查、使用和管理不严不细，没有按规定要求进行检查、维修和处理故障，责任制不落实。

(4)矿井现场安全管理不到位。矿安监部门的监管人员对2128中段下块工作面机巷固定刮板运输机机头、机尾的压柱不牢和压柱缺失检查不细，督促区队整改不力；没有严格要求区队定期处理刮板运输机底槽板内沉积淤结的煤炭，致使刮板运输机时常超负荷运行。

(5)安全检查不严格。矿井8月22日—9月6日因故停产，9月5日进行复产前的安全检查时，对2128中段下块工作面检查不细，没有发现机巷第六台刮板运输机机头压柱缺失，机头固定不牢，致使隐患得不到及时消除。

(6)职工安全教育培训不到位。新入矿工人72小时强制性培训、职工轮训、岗前培训的内容不全、质量不高，职工安全意识淡薄。

3. 事故性质

经调查认定，本次事故是一起责任事故。

(六)事故防范和整改措施

湖南省煤业集团、金竹山矿业有限公司和一平硐煤矿应进一步加强煤矿安全管理工作，认真吸取事故教训，落实企业主体责任，强化安全管理，夯实安全基础。

(1)健全各项安全管理制度和操作规程，并组织全体职工认真贯彻学习和落实，严禁违章作业。

(2)落实安全生产管理责任，及时排查治理事故隐患。对井下存在的安全隐患，必须及时排查治理到位；重大隐患必须建立跟踪整改制度和台帐，实施挂牌整改，坚决做到不安全不生产。

(3)严格刮板运输机的检查、维护、操作和管理，运输机机头、机尾必须打好两个牢固可靠的压住予以固定，底槽板的回煤必须按规定及时清理，严禁运输机超负荷运转。

(4)严格采区机电设备日常维护、检查制度。采煤队必须定期对采区、工作面的移动设备进行检查、维护和保养，发现问题及时处理，确保设备的完好和防爆，严禁带病或失爆运行。

(5)加强对职工的安全教育培训。新入矿工人72小时的入井前强制性安全教育培训、在职职工岗前培训和定期轮训的培训时间、内容、质量都必须达到法律法规的要求，并进行严格考试。确保从业人员具备必要的煤矿安全知识，熟悉本矿井自然灾害的特点和相关的法律法规知识，掌握本岗位的安全操作技能，杜绝违章作业行为。

第七节 露天矿事故防治案例

山西省吕梁方山县店坪露天煤矿山体滑坡事故

(一)事故经过

2011年7月6日早晨8时左右，位于山西吕梁方山县大武镇的店坪煤矿发生山体滑坡，滑塌土方量约30余万方，滑塌山体将锅炉房推移20余m，造成锅炉房被毁，当班5人被困。

(二)事故救援

灾害发生后，店坪煤矿紧急启动应急预案，成立抢险救援指挥部。地方政府和有关部门负责人在第一时间赶赴现场指挥救援。经过一整天的紧张救援，方山县大武镇店坪煤矿山体滑坡中的5位被困者不幸全部遇难，其中一位获救者医治无效死亡，被困4人遇难遗体已全部找到。

(三)事故原因

(1)造成此事故的直接原因与近期强降雨可能有关。据当地气象部门统计，方山县年平均降雨量为480 mm，主要汛期集中在8月，而今年7月1日以来，方山县提前进入汛期。1

日至2日突降多年不遇的大暴雨，降雨量达107 mm，至6日已达137 mm。

(2)煤矿周边未构筑排水沟。

(3)对边坡管理不善。

(四)事故防治措施

(1)加强对边坡的安全管理。

(2)对矿区周边应修迼排水系统。

(3)加强对边坡的监测。

(4)做好防汛工作。

第八节　其他灾害事故防治案例

神华宁夏煤集团大峰露天矿重大施工爆破事故

2008年10月16日18时13分，神华宁夏煤业集团有限责任公司大峰矿基建露天剥离工程现场发生一起重大施工爆破伤亡事故，造成16人死亡、53人受伤(其中12人重伤)。

(一)事故经过

大峰矿地处宁夏石嘴山市大武口区，属神华宁煤集团煤炭生产企业，设计生产能力90万t/a。2005年5月停止羊齿采区井工生产，后经设计、审查，改井工开采为露天复采，广东宏大爆破股份有限公司中标承担羊齿采区上部水平硐室大爆破工程设计及施工业务。2008年10月16日在2135水平采用台阶式深孔二次爆破时，发生波及方圆850 m范围的伤亡事故。

(二)事故原因

(1)爆破作业中，违反《煤矿安全规程》相关规定，深孔松动爆破岩石时，安全警戒距离小于200 m，直接造成200 m范围内的4人当场死亡；

(2)火工品管理混乱，大峰矿有炸药库，承包方广东宏大爆破股份有限公司也有炸药库，大峰矿对其发放炸药量领取自由，无退库记录。事发前，曾经一次领取雷管4500发，实际只使用几百发，有大量雷管炸药未退回矿方炸药库；

(3)硐室加强松动爆破(大爆破)作业技术上存在问题；

(4)甲乙双方工程承包机制不健全，甲方对乙方的施工安全监督管理不到位。

(三)事故防治措施

1. 加强对露天矿岩石剥离施工作业安全监管

要严格遵守《煤矿安全规程》、《爆破安全规程》一系列的相关规定，加强安全技术措施，确保安全施爆。爆破作业人员必须有专业资质证，严禁无证人员从事爆破作业。爆破过程中，必须有安全警戒负责人，并向爆破区周围派出警戒人员。警戒哨与爆破工之间应实行"三联系制"。在特殊建(构)筑物附近、爆破条件复杂和爆破震动对边坡稳定有影响的区域进行爆破时，必须进行爆破地震效应的监测或试验，以确定被保护物的安全性。

2. 加强爆破工程作业设计管理

强化对爆破行业的操作流程监管，推行爆破施工全过程监管制度。爆破前应对爆破区周围人员、地面和地下建(构)筑物及各种设备、设施分布情况等进行详细的调查研究，然后进行爆破方案设计。各种爆破作业均应采用成熟技术编制爆破设计书和爆破说明书，对爆破人员进行严格的培训，严格执行安全技术措施。

3. 加强对炸药、雷管等火工品的管理

严格火工品的发放、登记、运输、使用、退库等相关环节的监督管理，严格爆破器材审批程序，进一步加强爆破物品储存、运输的管理，进一步加强爆破员、安全员、押运员的管理，确保火工品使用安全。